"十四五"职业教育国家规划教材

"十三五"职业教育国家规划教材

"十二五"江苏省高等学校重点教材

高等院校"互联网+"系列精品教材

物联网技术及应用基础
（第2版）

张 园 于宝明 主 编

王书旺 周 波 副主编

扫一扫下载
看本课程模
拟考试卷

电子工业出版社

Publishing House of Electronics Industry

北京·BEIJING

内 容 简 介

本书根据教育部最新的职业教育教学改革要求,结合国家示范与双高建设项目成果及企业职业岗位技能需求修订编写而成。全书以典型项目案例为主线,通过不同的任务要求,介绍物联网相关基础知识,内容共分 7 个单元,包括物联网的概念与关键技术、自动识别技术、物联网定位技术、传感器与无线传感器网络技术、物联网通信与网络技术、云计算、物联网安全技术。全书以案例形式阐述物联网的技术内容和典型应用,侧重于基本概念和基本技能的介绍,强化岗位实践能力的培养。本书图文并茂,具有较强的可读性和前沿性,书中加入大量的图表,便于阅读和理解,同时融入了最新的物联网研究成果和应用。

本书为高等职业本专科院校相应课程的教材,也可作为开放大学、成人教育、自学考试、中职学校和培训班的教材,以及物联网工程技术人员的参考书。

本书提供免费的电子教学课件、相关动画和视频、习题参考答案,详见前言。

图书在版编目(CIP)数据

物联网技术及应用基础 / 张园,于宝明主编. —2 版. —北京:电子工业出版社,2021.1(2024年12月重印)
全国高等院校"互联网+"系列精品教材
ISBN 978-7-121-38020-4

Ⅰ. ①物… Ⅱ. ①张… ②于… Ⅲ. ①互联网络—应用—高等学校—教材②智能技术—应用—高等学校—教材 Ⅳ. ①TP393.4②TP18

中国版本图书馆 CIP 数据核字(2019)第 263884 号

责任编辑:陈健德(E-mail:chenjd@phei.com.cn)
印　　刷:保定市中画美凯印刷有限公司
装　　订:保定市中画美凯印刷有限公司
出版发行:电子工业出版社
　　　　　北京市海淀区万寿路 173 信箱　邮编 100036
开　　本:787×1 092　1/16　印张:14.25　字数:365 千字
版　　次:2016 年 2 月第 1 版
　　　　　2021 年 1 月第 2 版
印　　次:2024 年 12 月第 19 次印刷
定　　价:52.00 元

凡所购买电子工业出版社图书有缺损问题,请向购买书店调换。若书店售缺,请与本社发行部联系,联系及邮购电话:(010)88254888,88258888。

质量投诉请发邮件至 zlts@phei.com.cn,盗版侵权举报请发邮件至 dbqq@phei.com.cn。

本书咨询联系方式:chenjd@phei.com.cn。

前　言

物联网技术正推动着一场新的革命，它广泛应用于工业、农业、医疗卫生、环境保护、防灾救灾、安全保卫、航空航天、军事等领域，改变着人类经济与社会生活的各个方面，也为我国经济发展带来前所未有的机遇。因此，物联网产业将需要大量的高素质、技能型工程技术人才，许多高职院校利用自身专业优势，设置了物联网技术专业，为新型产业培养社会急需的技能人才。目前市面上的物联网技术书籍大多偏深、偏难，难以被高职院校的学生所接受，为此，我们结合国家示范建设课程改革成果及企业职业岗位技能需求编写了本书。

本书以典型项目案例为主线，介绍物联网的技术内容，侧重于基本概念和基本技能的介绍，强化案例教学，通过不同的任务要求，串接物联网相关基础知识，深入浅出，便于读者从整体上把握物联网工程的知识内涵。全书图文并茂，具有较强的可读性和前沿性，书中加入大量图表，便于阅读和理解，同时融入了最新的物联网研究和应用成果。

本书采用任务驱动的方式，围绕物联网工程技术人员所需的专业知识逐步展开，共分为 7 个单元，每个单元包含不同的学习任务。单元 1 主要讲解物联网的概念、架构、系统组成与关键技术；单元 2 讲解 RFID 技术；单元 3 重点讲解物联网定位技术；单元 4 重点介绍物联网的传感器与无线传感网技术；单元 5 介绍物联网通信与网络技术；单元 6 介绍云计算技术；单元 7 重点讲解物联网安全技术。每个单元还配有内容小结、思考与问答及训练任务等。

本书为高等职业本专科院校相应课程的教材，也可作为开放大学、成人教育、自学考试、中职学校和培训班的教材，以及物联网工程技术人员的参考书。

本书由南京信息职业技术学院张园、于宝明主编，由王书旺、周波任副主编，胡国兵、奚松涛参加编写。具体分工为：于宝明编写单元 1，张园和南京电子技术研究所奚松涛编写单元 2、单元 3，周波编写单元 4，胡国兵编写单元 5，其余由张园编写。在本书编写过程中，得到了合作企业南京三宝科技集团有限公司和许多专家的大力支持，还参考了大量的文献和资料，在此对相关人员一并表示感谢。

由于时间仓促，加之编者水平有限，书中不当之处在所难免，恳请读者批评指正，我们将不胜感谢。

为了方便教师教学，本书还配有免费的电子教学课件、相关动画和视频、习题参考答案，请有此需要的教师登录华信教育资源网（http://www.hxedu.com.cn）免费注册后进行下载，有问题可在网站留言或与电子工业出版社联系。

 扫一扫看本课程期末模拟考试卷（A）
 扫一扫看本课程期末模拟考试卷（B）
 扫一扫看本课程期末模拟考试卷（C）

编　者

 扫一扫看本课程期末模拟考试卷（D）
 扫一扫看本课程期末模拟考试卷（E）
扫一扫看本课程期末模拟考试卷（F）

目录

单元 4 传感器与无线传感器网络技术·····································(93)

单元 1

物联网的概念与关键技术

知识分布网络

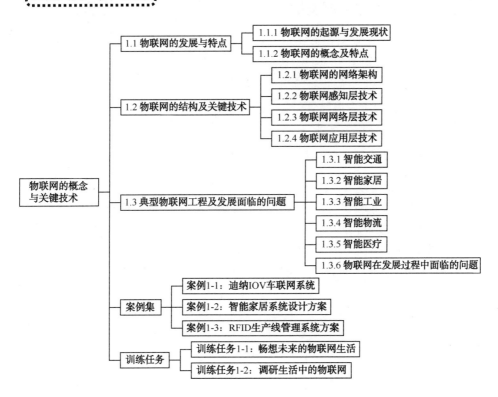

物联网的概念与关键技术

- 1.1 物联网的发展与特点
  - 1.1.1 物联网的起源与发展现状
  - 1.1.2 物联网的概念及特点
- 1.2 物联网的结构及关键技术
  - 1.2.1 物联网的网络架构
  - 1.2.2 物联网感知层技术
  - 1.2.3 物联网网络层技术
  - 1.2.4 物联网应用层技术
- 1.3 典型物联网工程及发展面临的问题
  - 1.3.1 智能交通
  - 1.3.2 智能家居
  - 1.3.3 智能工业
  - 1.3.4 智能物流
  - 1.3.5 智能医疗
  - 1.3.6 物联网在发展过程中面临的问题
- 案例集
  - 案例1-1：迪纳IOV车联网系统
  - 案例1-2：智能家居系统设计方案
  - 案例1-3：RFID生产线管理系统方案
- 训练任务
  - 训练任务1-1：畅想未来的物联网生活
  - 训练任务1-2：调研生活中的物联网

阿凡达式的世界并不遥远，物联网时代正在到来。在电影《阿凡达》中，生活在潘多拉星球的"纳美人"只要用自己的辫子与大鸟相连，就可以乘大鸟展翅高飞，物物相通的科幻场景给观众留下了深刻的印象。电影《阿凡达》（图 1-1）为人们展示了一个神奇的外太空世界，这些细节具体到现实科技的发展，就是物联网在未来的典型应用。物联网技术的应用将让一切自由联通。片中纳美人说的是"I see you"，意味着不仅是表面上的视觉效果，还能看到和理解内心的意思。物联网也是这样，将来到商店去买一包巧克力，你将不仅仅看见它的样子，还可以通过内置的射频识别芯片来了解它的各种信息，好像是巧克力的内心，而周边商场同类巧克力的价格及你购买这块巧克力的信息，也都可以在物联网中被存储和调用。

图 1-1　电影《阿凡达》剧照

1.1　物联网的发展与特点

1.1.1　物联网的起源与发展现状

扫一扫看物联网的起源与发展教学课件

物联网作为一种模糊想法最早出现在 1995 年比尔·盖茨《未来之路》一书中。在该书中，比尔·盖茨提到了"物联网"的构想。

> **小知识**
>
> 比尔·盖茨在 1995 年花了 5 000 万美元做了一个智能家居系统，除了造这个房子之外，比尔·盖茨还把自己家里所有电气化的设备进行了联网。这里面利用了微软公司一些强大的技术力量，他把家里的电器都连起来，通过网络来访问、控制。

1999 年美国麻省理工学院（MIT）成立了自动识别技术中心（Autoid Center），提出了 EPC 概念，该中心的 Ashton 教授在研究射频识别技术（RFID）时就提出了结合物品编码、RFID 和互联网等技术的物联网技术方案，主要是通过互联网技术、RFID 技术、EPC 标准，在计算机互联网的基础上，利用射频识别技术、无线数据通信技术等，构造一个实现全球物品信息实时共享的实物互联网"Internet of Things"（简称物联网）。

同年，在美国召开的移动计算和网络国际会议首先确定了物联网这个概念，提出了"传感网是下一个世纪人类面临的又一个发展机遇"。随后，世界上五所著名的研究性大学——英国剑桥大学、瑞士圣加仑大学、澳大利亚阿德雷德大学、日本 Keio 大学、上海复旦大学相继加入参与研发 EPC。同时，该技术得到了 100 多个国际大公司的支持，许多研究成果开始运用到实际生活中。

1999 年至 2003 年是物联网研究发展极为重要的一个时期。研究的重点主要集中在物品身份自动识别技术上，包括怎样识别和提高识别率等。当时，EAN.UCC 组建了一家非营利国际组织——EPCglobal（图 1-2）来负责管理和推广 EPC 工作，并促进 EPC 物联网标准的制定及 EPC 物联网在全球范围的应用。2003 年，"EPC 决策研讨会"在芝加哥召开，可以看作物联网方面第一个国际会议。该研讨会确定了 EPC 系统主要由 EPC 编码、EPC 标签、解读器、SavantTM（神经网络软件）、对象名解析服务（ONS）、物理标记语言（PML）六部分组成，这六部分共同运作组成了叠加在互联网上的一层通信网络。EPC 网络是一个支持计算机自动识别与跟踪物品的基础设施。

2005 年 11 月 17 日，在突尼斯举行的信息社会世界峰会（WSIS）上，国际电信联盟（ITU）发布《ITU 互联网报告 2005：物联网》，引用了"物联网"的概念，物联网概念也开始正式出现在官方文件中。报告从综合的、整体的角度提出，物联网将以感知和智能的形式链接世界上的物品。物联网的定义和范围已经发生了变化，覆盖范围有了较大的拓展，不再只是指基于 RFID 技术的物联网，无所不在、无时不在的"物联网"通信时代即将来临。根据 ITU 的描述，在物联网时代，通过在各种各样的日常用品上嵌入一种短距离的移动收发器，人类在信息与通信世界里将获得一个新的沟通维度，从任何时间任何地点的人与人之间的沟通连接扩展到人与物、物与物之间的沟通连接。世界上所有的物体，从轮胎到牙刷、从房屋到纸巾都可以通过互联网主动进行交换，如图 1-3 所示。射频识别技术、传感器技术、纳米技术、智能嵌入技术将得到更加广泛的应用。同时，该报告还指出了发展物联网过程中的几个最重要的挑战性问题，包括标准化与一致性、隐私保护及社会伦理问题等。物联网概念的兴起，很大程度上得益于国际电信联盟 2005 年以物联网为标题的年度互联网报告。

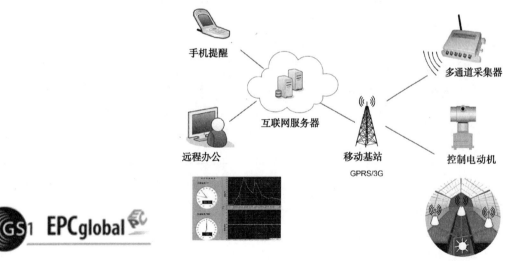

图 1-2   EPCglobal   图 1-3   现代农业物联网应用

示例：

未来，物联网的用途无处不在，除用于环境保护、政府工作、公共安全等公共领域外，还能在人们的日常生活中起到重要作用。比如，洗衣服的时候，洗衣机会主动"告诉"你水量少了还是多了；而你携带的公文包则会提醒你忘记带什么东西；你还能通过点击手机按钮在北京控制电饭煲，为重庆的家人煮饭。人们驾车时，只需设置好目的地，便可在车上随意睡觉、看电影，车载系统会通过路面接收到的信号智能行驶；人们生病时，不需住在医院，只要通过一个小小的仪器，医生就能24 h监控病人的体温、血压、脉搏等。

2008 年后，为了促进科技发展，寻找经济新的增长点，各国政府开始重视下一代技术的规划，并将目光放在了物联网上。在此背景下，物联网获得跨越式的发展，美国、中国、日本及欧洲一些国家纷纷将发展物联网基础设施列为国家战略发展计划的重要内容。

1. 美国"智慧地球"战略

在美国，IBM 提出了"智慧地球"（图 1-4）的构想，其中物联网是不可缺少的一部分。2009 年 1 月 28 日，奥巴马就任美国总统后，与美国工商业领袖举行了一次"圆桌会议"，IBM 首席执行官彭明盛首次提出"智慧地球"这一概念，建议新政府投资新一代的智慧型基础设施。奥巴马总统积极回应，并将其提升到国家战略。

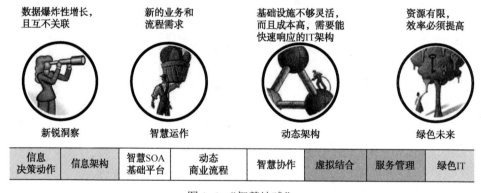

图 1-4 "智慧地球"

> **小知识**
>
> "智慧地球"分成物联化、互联化和智能化三个要素，就是利用 IT 技术，把铁路、公路、建筑、电网、供水系统、油气管道乃至汽车、冰箱、电视机等各种物体连接起来形成一个"物联网"，再通过计算机和其他方法将"物联网"整合起来，人类便可以通过互联网精确而又实时地管控这些接入网络的设备，从而方便地从事生产、生活的管理，并最终实现"智慧地球"这一理想状态。

2. 中国"感知中国"计划

在我国，2009 年 8 月温家宝总理视察无锡中科院物联网技术研发中心时指出并强调，要尽快突破物联网核心技术，把传感技术和 TD 的发展结合起来。温总理提出的"感知中国"物联网被正式列为国家五大新兴战略性产业之一，并写入《政府工作报告》，物联网在中国受到了全社会极大的关注。2009 年 11 月 12 日，中国科学院、江苏省和无锡市签署合作协议，成立中国物联网研发中心。2009 年 11 月 1 日，集聚产业链上 40 余家机构的中关村物联网产业联盟成立。一南一北，由政府大力推动，具备产学研结合特征的两个实体，都意在打造中国的物联网产业中心。物联网，"感知中国"的脚步正在加快。

示例：

"物联网"的梦想在 2010 年上海世博会上实现，它串起的未来智能生活，并非遥不可及——世博园内的门票、监控系统，都已依赖于物联网技术的使用。观众未进世博园内，先进"物联"大网：世博会参观者手持的纸质门票，采用 RFID 技术，轻松一刷便可快速验票通关。RFID 是物联网的一项基础技术，通过使用 RFID 技术，世博会门票从生产、发行、销售到检票环节都实现了数字化管理。

3. 日本及欧盟发展计划

在日本，总务省提出以发展 Ubiquitous 社会为目标的 u-Japan 构想，文化教育与科学技术部（MEXT）积极响应，提出了对信息技术、生命科学的支持计划，经济与工业部（MEII）于 2008 年启动了绿色 IT 项目，旨在通过物联网技术实现经济与环境之间的平衡。在欧洲，2009 年 6 月，欧盟在比利时首都布鲁塞尔向欧洲议会、欧洲理事会、欧洲经济与社会委员会和地区委员会提交了题为《物联网——欧洲行动计划》的公告，希望欧洲通过构建新型物联网管理框架来引领世界物联网发展。在计划书中，欧盟委员会提出物联网三方面的特性：第一，不能简单地将物联网看作互联网的延伸，物联网建立在特有基础设施上，将是一系列新的独立系统，当然，部分基础设施仍要依存于现有的互联网；第二，物联网将伴随新的业务共同发展；第三，物联网包括了多种不同的通信模式，如物与人通信等，物与物通信等，其中特别强调了机对机通信（M2M）。

> **小知识**
>
> M2M 是机器对机器（Machine-to-Machine）通信的简称，是无线通信和信息技术的整合，是物联网实现的关键，主要通过收集电话机、计算机、传真机等机器设备之间的通信来实现人与人的交流。机器与机器之间的对话是切入物联网的关键，M2M 正是解决机器开口说话的关键技术，不是简单的数据在机器和机器之间的传输，而是机器和机器之间的一种智能化、交互式的通信。也就是说，即使人们没有实时发出信号，机器也会根据既定程序主动进行通信，并根据所得到的数据智能地做出选择，对相关设备发出正确的指令。智能化、交互式成为了 M2M 有别于其他物联网应用的典型特征，这一特征下的机器也被赋予了更多的"思想"和"智慧"。

4. 我国物联网的发展

2009 年 8 月，国务院总理温家宝在无锡微纳物联网工程技术研究中心视察并发表重要讲话，表示中国要抓住机遇，大力发展物联网技术，并提出要在无锡建设"感知中国"中心。

2009 年 9 月，我国物联网标准体系已形成初步框架，向国际标准化组织提交的多项标准提案被采纳。

2009 年 10 月 24 日，在第四届中国民营科技企业博览会上，西安优势微电子公司宣布中国第一颗物联网的中国芯——"唐芯一号"芯片研制成功，标志着中国已经攻克了物联网的核心技术。"唐芯一号"芯片是一颗 2.4 GHz 超低功耗射频可编程片上系统 PSoC，可以满足各种条件下无线传感网、无线局域网、有源 RFID 等物联网应用的特殊需要，为我国物联网产业的发展奠定了基础。

2009 年 11 月，温家宝总理在人民大会堂向首都科技界发表了题为《让科技引领中国可持续发展》的讲话，指示要着力突破物联网、传感网关键技术，物联网产业随即被列入国家五大新兴产业之一。

2009 年 11 月，中国物联网研究发展中心在无锡成立。

2009 年 11 月 19 日，温总理在南京视察了中国 RFID 产业联盟（南京三宝）应用示范基地，再次对 RFID 技术应用于智能交通、物流科技、医药管理及海关通关自动化等领域取得的成绩表示赞赏，并对国内尚未解决 UHF 超高频电子标签核心芯片的状况做出重要指示："一定要下大力气攻克这个难关。"

2010 年 1 月，江苏无锡高新技术产业开发区正式获批为国家电子信息（物联网）示范基地。该区规划面积 20 km^2，到 2012 年完成传感网示范基地建设，形成全市产业发展空间布局和功能定位，产业规模达到 1 000 亿元，具有较大规模各类传感网企业 500 家以上，销售额 10 亿元以上的龙头企业 5 家以上，培育上市企业 5 家以上。

2011 年 1 月 3 日，国家电网首座 220 kV 智能变电站——无锡市惠山区西泾变电站投入运行。西泾变电站利用物联网技术，建立传感测控网络，将传统意义上的变电设备"活化"，实现自我感知、判别和决策，从而完成自动控制，实现了真正意义上的"无人值守和巡检"，完全达到了智能变电站建设的前期预想，设计和建设水平全国领先。

我国还建成了高铁物联网，改变了以往购票、检票的单调方式，升级为人性化、多样化的新体验。刷卡购票、手机购票、电话购票等新技术的集成使用，让旅客可以摆脱拥挤的车站购票；与地铁类似的检票方式，则可实现持有不同票据的旅客快速通行。清华易程公司研发了目前世界上最大的票务系统，每年可处理 30 亿人次，而目前全球在用系统的最大极限是 5 亿人次。

1.1.2 物联网的概念及特点

扫一扫看什么是物联网教学课件

顾名思义，"物联网"（The Internet of Things）就是"物物相连的互联网"，是将各种信息传感设备，如射频识别装置、红外感应器、全球定位系统、遥感系统、无线传感器网络、激光扫描器等装置和系统与互联网结合起来而形成的一个巨大网络，其目的是让所有的物品都与网络连接在一起，方便识别和管理（图 1-5）。

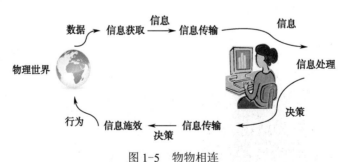

图 1-5　物物相连

物联网就是把新一代 IT 技术充分运用在各行各业之中。如果说互联网的"信息高速公路"还只是局限于光纤、基站和上网终端的小小循环之间，那么物联网就是将现实的基础设施和信息网络合二为一。同时，具备超强计算能力的计算中心的出现，也使得这样一张"巨网"有了有效运作的可能。现在，实体基础设施和信息基础设施正在合为"统一的智慧全球基础设施"。物联网的本质就是物理世界和数字世界的融合，这种融合是双向的。

"物联网"概念的问世打破了传统思维。过去的思路一直是将物理基础设施和 IT 基础设施分开：一方面是机场、公路、建筑物，而另一方面是数据中心、个人计算机、宽带等。而在"物联网"时代，钢筋混凝土、电缆将与芯片、宽带整合为统一的基础设施，在此意义上，基础设施更像是一块新的地球工地，世界的运转就在它上面进行，其中包括经济管理、生产运行、社会管理乃至个人生活。

小知识

科学家打了一个通俗的比方来描述"物联网"。人的眼睛、耳朵、鼻子好比单个"传感器"。一杯牛奶摆在面前，眼睛看到的是杯子，杯子里有白色的液体，鼻子闻闻有股奶香味，嘴巴尝一下有一丝淡淡的甜味，再用手摸一下，感觉有温度……这些感官的感知综合在一起，人便得出关于这一杯牛奶的判断。假如把牛奶的感知信息传上互联网，坐在办公室的人通过网络能随时了解家中牛奶的情况，这就是"传感网"。假如给你授权，你也可以看到这杯牛奶的情况，如果家中设置的传感器节点与互联网连接，经过授权的人通过网络了解家里是否平安、老人是否健康等信息，并利用传感器技术及时处理解决，这就是"物联网"。

物联网包含两层意思：第一，物联网的核心和基础仍然是互联网，是在互联网基础上延伸和扩展的网络；第二，其用户端延伸和扩展到了任何物体之间。物联网把"任何时间、任何地点、任何人、任何物"这四者联系起来，为人们的生产和生活提供便捷。

和传统的互联网相比，物联网有其鲜明的特征（图 1-6）。

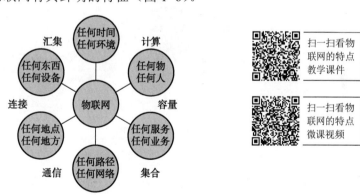

扫一扫看物联网的特点教学课件

扫一扫看物联网的特点微课视频

图 1-6　物联网特征

（1）物联网是各种感知技术的广泛应用。

物联网上部署了海量的多种类型传感器，每个传感器都是一个信息源，不同类别的传感器所捕获的信息内容和信息格式不同。传感器获得的数据具有实时性，按一定的频率周期性地采集环境信息，不断更新数据。

（2）物联网是一种建立在互联网上的泛在网络。

物联网技术的重要基础和核心仍旧是互联网，通过各种有线和无线网络与互联网融合，将物体的信息实时准确地传递出去。在物联网上的传感器定时采集的信息需要通过网络传输，由于其数量极其庞大，形成了海量信息，在传输过程中，为了保障数据的正确性和及时性，必须适应各种异构网络和协议。

（3）物联网不仅仅提供了传感器的连接，其本身也具有智能处理的能力，能够对物体实施智能控制。

物联网将传感器和智能处理相结合，利用云计算、模式识别等各种智能技术，扩充其应用领域。从传感器获得的海量信息中分析、加工和处理出有意义的数据，以适应不同用户的不同需求，发现新的应用领域和应用模式。

因此，我们不能把传感网或 RFID 网等同于物联网。事实上，传感技术也好，RFID 技术也好，都仅仅是信息采集技术之一。除传感技术和 RFID 技术外，GPS、视频识别、红外、激光、扫描等所有能够实现自动识别与物物通信的技术都可以成为物联网的信息采集技术。传感网或者 RFID 网只是物联网的一种应用，但绝不是物联网的全部。另外，也不能把物联网当成互联网的无边无际的无限延伸，把物联网当成所有物的完全开放、全部互连、全部共享的互联网平台。实际上，物联网绝不是简单的全球共享互联网的无限延伸，而互联网也不仅仅指我们通常认为的国际共享的计算机网络，互联网也有广域网和局域网之分。但物联网既可以是我们平常意义上的互联网向物的延伸，也可以根据现实需要及产业应用组成局域网、专业网。

示例：

给放养的牲畜中的每一只羊都贴上一个二维码，这个二维码会一直保持到超市出售的肉品上，消费者可通过手机阅读二维码，知道牲畜的成长历史，确保食品安全（图 1-7）。我国已有 10 亿头存栏动物贴上了这种二维码。

图 1-7　物联网在食品安全中的应用

物联网理念就是在很多现实应用基础上推出的聚合型集成的创新，是对早就存在的具有物物互联的网络化、智能化、自动化系统的概括与提升，它从更高的角度升级了我们的认识。

小知识

　　国际电信联盟（图 1-8）作为世界最为普遍认可的信息通信标准制定者，历史可以追溯到机构的创立之初。国际电信联盟自 1865 年成立以来，一直在为行业就技术与服务达成共识而奔走，因为它们构成了世界上规模最大且联系最紧密的人为

图 1-8　国际电信联盟

体系的中坚力量。仅 2007 年，国际电信联盟电信标准化部门（ITU-T）就制定了 160 多项新的和经修订的标准（《ITU-T 建议书》），涵盖了从核心网络功能与宽带到 IPTV 等下一代业务的各个方面。

思考与问答 1-1

（1）什么是物联网？

（2）如今我国物联网处于哪个发展阶段？

（3）结合物联网的定义，谈谈你对物联网的理解。

训练任务 1-1　畅想未来的物联网生活

1. 任务目的

（1）了解物联网的起源、发展、机遇和挑战。

（2）了解物联网的基本概念。

2. 任务要求

通过任务 1 的学习，初步了解物联网的基础知识，充分发挥自己的想象力，畅想未来的物联网生活。本任务通过同学间相互讨论的形式进行，讨论内容需包含以下关键点：

（1）未来物联网生活有哪些特点，采用图片匹配文字形式展现。

（2）发挥想象，说明物联网未来可拓展的功能。

（3）采用 PPT 形式进行课内展示，时间 3 min。

3. 任务评价

序　号	项目要求	得　分
1	所选主题内容与要求一致（15）	
2	物联网生活场景描述清晰，图文并茂（35）	
3	充分利用软件展示清晰（25）	
4	具有拓展功能（25）	

1.2　物联网的结构及关键技术

1.2.1　物联网的网络架构

扫一扫看物联网的网络架构微课视频　扫一扫看物联网的网络架构微课视频

物联网网络架构由感知层、网络层、应用层组成，如图 1-9 所示。各层次通过相互协作与配合，协同完成真正意义上的"物物相连"，并提供泛在化的物联网服务。

下面简单说明物联网三个层次的主要内容。

（1）感知层——全面感知，主要实现智能感知和交互功能。由各种传感器及传感器网

图1-9　物联网基本结构

关构成，包括温度传感器、湿度传感器、二维码标签、RFID 标签和读写器、摄像头、GPS 等感知终端。感知层的作用相当于人的眼、耳、鼻、喉和皮肤等部位的神经末梢，它是物联网识别物体、采集信息的来源。

（2）网络层——可靠传递，主要实现信息的接入、传输和通信。由各种私有网络、互联网、有线和无线通信网、网络管理系统和云计算平台等组成，相当于人的神经中枢和大脑，负责传递和处理感知层获取的信息。

（3）应用层——智能处理，主要实现信息的处理与决策，是物联网和用户（包括人、组织和其他系统）的接口，它与行业需求结合，实现物联网的智能应用。

1.2.2　物联网感知层技术

感知层主要实现智能感知功能，是物联网伸向物理世界的"触角"，也是海量信息的主要来源，是应用服务的基础。从技术上讲，主要包括物联网数据信息的采集、捕获、物体识别等环节，并形成前端的自组织网络和智慧的感知（图1-10）。

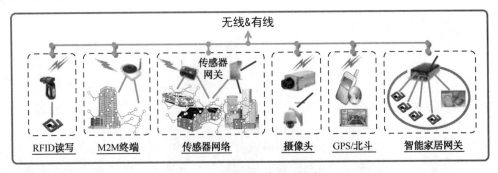

图1-10　物联网感知层技术

1. 电子标签技术与 RFID 读写技术

射频识别（Radio Frequency Identification，RFID）技术是一种利用射频通信实现的非接触式自动识别技术。RFID 标签具有体积小、容量大、寿命长、可重复使用等特点，可支持快速读写、非可视识别、移动识别、多目标识别、定位及长期跟踪管理。RFID 技术与互联网、通信等技术相结合，可实现全球范围内物品跟踪与信息共享。

识别不同物体需要独立的标签。在标签领域，条码技术已非常成熟并得到了广泛应用，现在几乎所有产品都贴有条码。由于受存储空间限制，条码通常只能标识产品类型。RFID 标签与条码相比，具有读取速度快、存储空间大、工作距离远、穿透性强、外形多样、工作环境适应性强和可重复使用等多种优势。读取速度快：可在瞬间完成对成百上千件物品标识信息的读取，从而提高工作效率。存储空间大：可以实现对单件物品的全过程管理与跟踪，克服条码只能对某类物品进行管理的局限。工作距离远：可以实现对物品的远距离管理。穿透能力强：可以实现透过纸张、木材、塑料和金属等包装材料获取物品信息。标签根据应用场合的不同可以做成条状、卡状、环状和纽扣状等多种形状，如图 1-11 所示。

图 1-11 RFID 物流应用

2. 自动定位技术

目前常见的定位技术主要有 GPS 卫星定位、蓝牙定位、WIFI 网络定位、GPRS/CDMA 移动通信技术定位等。全球定位系统（Global Positioning System，GPS）是美国从 20 世纪 70 年代开始研制，具有在海、陆、空进行全方位实时三维定位的新一代卫星导航与定位系统。GPS 定位原理实质上就是测量学的空间测距定位，其特点是利用平均 20 200 km 的高空均匀分布在 6 个轨道上的 24 颗卫星，发射测距信号及载波，用户通过接收机接收这些信号并测量卫星至接收机的距离，一般地形条件下可见 4～12 颗卫星便可知地面点位坐标（图 1-12）。

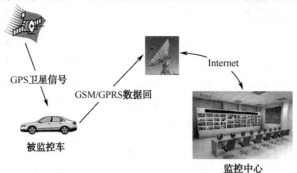

图 1-12　GPS 卫星定位

蓝牙技术是一种短距离低功耗的无线传输技术，支持点到点、点到多点的话音和数据业务，可以实现不同设备之间的短距离无线互联。在室内安装适当的蓝牙局域网接入点，把网络配置成基于多用户的基础网络连接模式，并保证蓝牙局域网接入点始终是这个微微网的主设备，就可以获得用户的位置信息，实现利用蓝牙技术定位的目的。

WiFi（Wireless Fidelity）无线保真技术与蓝牙技术一样，同属于在办公室和家庭中使用的短距离无线技术。

无线定位技术是通过对接收到的无线电波的一些参数进行测量，根据特定的算法判断出被测物体的位置，测量参数一般包括传输时间、幅度、相位和到达角等。基于网络的定位，采用多个地理定位基站（GBS）来确定移动电台（MS）的位置，通过分析接收信号强度、信号相位及到达时间等属性来确定 MS 的距离，MS 的方向则通过接收信号的到达角获得，系统根据每个接收器测量到的移动终端的距离及方向来联合计算移动终端的位置。

示例：

当用户申请定位某个 MS 位置时，服务商将首先联络位置控制中心，查询 MS 的位置坐标。用户可在家中找寻或跟踪某一 MS（如手机或某种电子标签的携带者），位置控制中心就收集所需信息来计算 MS 的位置，此信息可能是接收信号强度、BSID（基站识别代码）、信号 TOA（到达时间）等参数。根据 MS 的移动信息，一系列 BS/GBS（基站）可被用来寻找 MS，并直接或者间接获得定位参数。位置控制中心一旦接收到这些信息，就能以某一精度确定 MS 的位置，并反馈给定位服务提供商，再转换为用户可用的 MS 位置。

3. 传感器技术

传感器技术利用传感器和多跳自组织传感器网络，协作感知、采集网络覆盖区域中被感知对象的信息，如感知热、力、光、电、声、位移等信号，特别是微型传感器、智能传感器和嵌入式 Web 传感器的发展与应用，为物联网系统的信息采集、处理、传输、分析和反馈提供了最原始的数据信息。

示例：

当我们利用手机玩一些需要做动作的游戏，如第一人称射击游戏、需要动作模拟的保龄球游戏或第一人称赛车游戏时，可以直接移动手机来进行，这是因为手机中有三轴陀螺仪（图 1-13）。陀螺仪英文名为 gyroscope，是一种用来传感和维持方向的装置。陀螺仪由

一个位于轴心且可旋转的轮子构成。陀螺仪一旦开始旋转，由于轮子的角动量，陀螺仪有抗拒方向改变的趋向。陀螺仪可分为单轴陀螺仪和三轴陀螺仪，单轴陀螺仪只能测量一个方向，系统测试三维空间就需要三个，而三轴陀螺仪就可以同时测量 6 个方向。三轴陀螺仪多用于航海、航天等导航定位系统，它能够精确地确定运动物体的方位。

图 1-13　陀螺仪

4.　嵌入式技术

如果说之前互联网上大量存在的设备主要以通用计算机（如大型机、小型机、个人计算机等）的形式出现，那么物联网的目的则是让所有物品都具有计算机的智能但并不以通用计算机的形式出现，并把这些"聪明"了的物品与网络连接在一起，这就需要嵌入式技术的支持。嵌入式技术是计算机技术的一种应用，该技术主要针对具体的应用特点设计专用的计算机系统——嵌入式系统。嵌入式系统以应用为中心，以计算机技术为基础，并且软硬件可量身定制，它适用于对功能、可靠性、成本、体积、功耗有严格要求的专用计算机系统。嵌入式系统通常嵌入在更大的物理设备当中而不被人们所察觉，如手机、PDA，甚至空调、微波炉、冰箱中的控制部件都属于嵌入式系统。

嵌入式系统大多数情况下可根据自己"感知"到的事件自主地进行处理，所以它对时间性、可靠性要求更高。一般来说，嵌入式系统具有如下特征：专用性、可封装性、实时性、可靠性。专用性是指嵌入式系统用于特定设备完成特定任务，而不像通用计算机系统可以完成各种不同任务。可封装性指嵌入式系统一般隐藏于目标系统内部而不被操作者察觉。实时性指与外部实际事件的发生频率相比，嵌入式系统能够在可预知的时间内对事件或用户的干预做出响应。可靠性是指嵌入式系统隐藏在系统或设备中，一旦开始工作，可能长时间没有操作人员的监测和维护，因此要求其能够可靠运行。

1.2.3　物联网网络层技术

扫一扫看网络层技术教学课件

物联网主要在于"网"，感知是第一步，但是如果没有一个庞大的网络体系，将不能对感知到的信息进行管理和整合。物联网的网络层主要实现信息的传送和通信，网络层作为物联网的中间层，借助于互联网、无线宽带及电信骨干网，承载着感知数据的接入、传输与运营等重要工作。

物联网的网络层是建立在 Internet 和移动通信网络等现有网络基础上的，为实现"物物相连"的需求，物联网综合使用 IPv6、3G/4G、WiFi 等通信技术。移动通信网、互联网、传感网络等都是物联网的重要组成部分，这些网络通过物联网的节点、网关等核心设备协同工作，并承载着各种物联网服务的网络互联。

下面将简要介绍相关关键技术，后续章节将做详细讲解。

1. 无线传感网技术

近年来，无线通信、集成电路传感器及微机系统（MEMS）等技术的飞速发展，推动了低成本、低功耗、多功能的无线传感器的大量生产。无线传感器是一种集传感功能与驱动控制力、计算通信于一体的资源受限嵌入式设备，而无线传感器网络（WSN）则是由大量无线传感器构成的自组织网络，其目的是协作地感知、采集和处理网络覆盖区域内的对象信息，并将其传送给需要的用户，如图1-14所示。

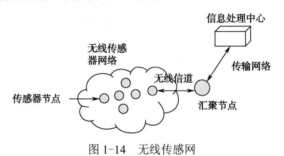

图1-14　无线传感网

WSN将逻辑上的数字世界与客观上的物理世界融合在一起，改变人类与自然世界的交互方式，是集成了监测、控制及无线通信的网络系统。

示例：

阿尔卑斯山，历经四季气候变化与强风侵蚀，对登山者和当地居民的生产和生活造成极大影响，要获得自然环境变化的数据就需要长期对该地区进行监测，但该地区的环境和位置决定了无法以人工方式进行监控。通过物联网的无线传感网技术，可利用传感器对阿尔卑斯山脉实现深层次的监控，监测温度变化对山坡结构的影响及气候对土壤渗水的变化，所采集的数据可用于山崩、落石等自然灾害的事前警示。

2. 核心承载网通信技术

目前，有多种通信技术可供物联网作为核心承载网络选择使用，可以是公共通信网，如移动通信网、互联网、无线局域网、企业专用网等，甚至是新建的专用于物联网的通信网，包括下一代互联网IPv6等。

通常数据通信采用WiFi、WiMAX、移动宽带接入通信技术。WiFi主要被定位在室内或小范围内的热点覆盖，提供宽带无线数据业务，并结合VoIP提供语音业务。3G所提供的数据业务主要是在室内低移动速度的环境下应用，而在高速移动时以语音业务为主。WiMAX已由固定无线演进为移动无线，并结合VoIP解决了语音接入问题。

随着网络技术的发展，2010年中国提出了"广播电视网、电信网、互联网"的"三网融合"概念（图1-15）。三网融合是指电信网、广播电视网、互联网在向宽带通信网、数字电视网、下一代互联网演进过程中，三大网络通过技术改造，其技术功能趋于一致，业务范围趋于相同，网络互联互通、资源共享，能为用户提供语音、数据和广播电视等多种服务。三网融合并不简单地意味着三大网络的物理合一，更多的是高层业务应用的融合。三网融合应用广泛，遍及智能交通、环境保护、政府工作、公共安全、平安家居等多个领域。以后的手机可以看电视、上网，以后的电视机可以打电话、上网，以后的计算机也可以打电话、看电视。三者之间相互交叉，形成你中有我、我中有你的格局。

图 1-15　三网融合

扫一扫看应用层技术教学课件

1.2.4　物联网应用层技术

物联网的应用层包括应用中间件层和应用服务层，实现网络层与物联网应用服务间的接口和功能调用，也实现物联网的各类公共应用或行业领域的应用。

物联网的发展应以应用为导向，在"物联网"的语境下，服务的内涵将得到革命性的扩展，不断涌现的新型应用将使物联网的服务模式与应用开发受到巨大挑战，随着数据的快速增长，有大规模、海量的数据需要处理，云计算（Cloud Computing）的概念应运而生。

云计算是一个网络应用模式，由 Google 首先提出。其最基本的概念是通过网络庞大的计算处理程序自动分拆成无数个较小的子程序，再交由多个服务器所组成的庞大系统，经搜寻、计算分析之后将处理结果回传给用户。云计算是以虚拟化技术为基础，以网络为载体，提供基础架构、平台、软件等服务为形式，整合大规模可扩展的计算、存储、数据、应用等分布式计算资源进行协同工作的超级计算模式（图 1-16）。

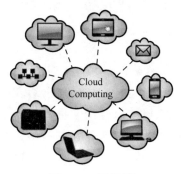

图 1-16　云计算

扫一扫下载看物联网闯关动画

扫一扫下载看物联网应用动画

扫一扫看物联网应用微课视频

1.3　典型物联网工程及发展面临的问题

物联网应用就是把感应器嵌入和装备到电网、铁路、桥梁、隧道、公路、建筑、供水系统、大坝、油气管道等各种物体中，然后将物联网与现有的互联网整合起来，实现人类社会与物理系统的整合。在这个整合的网络当中，存在能力超级强大的中心计算机群，能够对整合网络内的人员、机器、设备和基础设施实施实时的管理和控制，在此基础上，人类可以以更加精细和动态的方式管理生产和生活，达到"智慧"状态，提高资源利用率和生产力水平，改善人与自然间的关系。因此，物联网用途非常广泛，遍及智能交通、环境保护、政府工作、公共安全、平安家居、智能消防、工业监测、环境监测、老人护理、个人健康、花卉栽培、水系监测、食品溯源、敌情侦查和情报搜集等多个领域。物联网"十二五"发展规划提出在智能工业、智能农业、智能物流、智能交通、智能电网、智能环保、智能安防、智能医疗、智能家居9个重点领域完成一批应用示范工程（图1-17），力争实现规模化应用。

图 1-17　9 个应用

扫一扫看物联网的智能交通应用教学课件

1.3.1　智能交通

智能交通是未来交通系统的发展方向，它是将先进的信息技术、数据通信传输技术、电子传感技术、控制技术及计算机技术等有效地集成运用于整个地面交通管理系统而建立的一种在大范围内，全方位发挥作用的，实时、准确、高效的综合交通运输管理系统。

示例：

在公交方面，物联网技术构建的智能公交系统通过综合运用网络通信、GIS 地理信息、GPS 定位及电子控制等手段，集智能运营调度、电子站牌发布、IC 卡收费、ERP（快速公交系统）管理等于一体。通过该系统可以详细掌握每辆公交车每天的运行状况。另外，在公交候车站台上通过定位系统可以准确显示等候下一趟公交车需要的时间；还可以通过公交查询系统，查询最佳的公交换乘方案。

示例：

通过应用物联网技术可以帮助人们更好地找到车位。智能化的停车场通过采用超声波传感器、摄像感应、地感性传感器、太阳能供电等技术，第一时间感应到车辆停入，然后立即反馈到公共停车智能管理平台，显示当前的停车位数量。同时将周边地段的停车场信息整合在一起，作为市民的停车向导，这样能够大大缩短找车位的时间（图 1-18）。

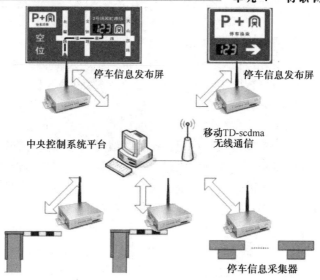

图 1-18 智能停车场

案例 1-1 迪纳公司 IOV 车联网系统

迪纳公司 IOV 车联网系统应用云计算、物联网等技术，架构了包含车云业务平台、智能车载终端和客户移动 APP 的 4S 集团车联网（图 1-19）。

移动终端 APP 将车联网的服务内容通过移动信息化的手段向智能手机终端用户延伸和展现，是当前可以全方位展现车辆信息状态的线上系统。它面向车主、车友，将各类车联网应用业务进行无缝融合，且具有以下特色。

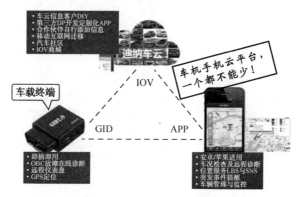

图 1-19 IOV 车联网系统

● 远程故障检测和远程服务：传统 4S 店对于车辆的检测都需要到店进行。迪纳的解决方案相当于将检测设备安装在汽车上，对汽车进行 24 h/7 天不间断的实时监控与检测，由此突破了传统 4S 店的服务习惯。4S 店会根据客户的故障主动、及时提醒客户进场维护和做故障处理，给客户提供了放心用车和差异化服务。

● 保养提醒：传统 4S 店无法准确得知车主的车辆使用情况，因而无法精准和主动提醒车主进行保养服务。迪纳的解决方案能够通过智能车载终端准确获知里程信息，当车辆接近保养里程的时候，提示车主进行保养。

- 油耗和成本统计：车主可通过 APP 查看车辆的油耗统计，了解本车的月平均油耗、同类车平均油耗、官方油耗，以及本月的平均车速、累计里程、行车时间、耗油量、油耗费用等，让用户对行车情况有直观、完整的了解，做到心中有数。
- 实时车况查看：通过智能车载终端设备可智能感知 CAN 接口中的数据流，进行分析处理，提取车辆的各种状态和运行信息。车主通过手机客户端 APP 可直观查看这些实时车况数据，了解车辆的使用状况。
- 行车记录仪：对于车辆以往的行程轨迹和路线等，可以随时查找检索。可以作为套牌、事故、违章等免责的有力佐证，也可以作为家庭用车管理的有效手段。
- 车辆消息提醒：该提醒功能可以根据用车要求，提供点火、故障、保养、碰撞、拖吊、低电、设备断电、超速、保险和年审等提醒功能，极大地方便了车主的用车要求。

智能车载终端 GID 与车辆 ECU 通过 CAN 总线相连，可以感知车辆任何动态运行信息并直接实时上报，形成最实时的动态车速与周边环境信息（图 1-20）。

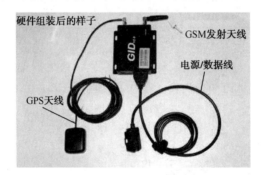

图 1-20　GID 组装

GID 可以把事故和故障数据传递给云端，云平台通过数据分析（大量上传数据都是裸数据，不具备直接使用价值）监控判断汽车的运行状况、分析驾驶员的驾驶行为。当车辆出现故障时，及时把车辆运行产生的异常反馈给车主和 4S 店（必要数据），并让车主和 4S 店根据不同车况提供不同的远程服务。GID 从汽车总线获取实时数据流和车辆发动机参数，经过实时分析和计算，可以准确地得到车辆油耗、里程、速度等数据。GID 内置精密的 3D 传感器，可以通过监测车辆 X、Y、Z 的轴向 g 加速度变化，来判断车辆的碰撞等突发状况。同时还可通过云平台的各类数学模型计算形成结果，并发送给车主及相关人员。

IOV 云平台：云架构的车辆信息平台，是多源海量信息的汇聚。其应用系统架构也是围绕车辆的数据汇聚、计算、调度、监控、管理与应用等建立的。IOV 云平台能够同时支持数百万车载终端的大数据并发，实现对海量数据的存储、分析、挖掘及应用。通过采用 SaaS（软件即服务）云计算服务模式，迪纳 4S 解决方案支持通过后台 PC 端的 Web 浏览器对车联网系统进行全方位管理。

1.3.2　智能家居

智能家居是利用先进的计算机技术、网络通信技术、ZigBee 无线技术，融合个性需

求，将与家居生活有关的各个子系统，如安防、灯光控制、窗帘控制、煤气阀控制、信息家电、场景联动、地板采暖等有机地结合在一起，通过网络化综合智能控制和管理，实现"以人为本"的全新家居生活体验。

智能家居系统让您轻松享受生活。出门在外，可以通过手机、计算机来远程遥控您的家居各智能系统。例如，在回家的路上提前打开家中的空调和热水器；到家开门时，借助门磁或红外传感器，系统会自动打开过道灯，同时打开电子门锁，安防撤防，开启家中的照明灯具和窗帘迎接您的归来；回到家里，使用遥控器可以方便地控制房间内各种电气设备，可以通过智能化照明系统选择预设的灯光场景，读书时营造书房舒适的环境；卧室里营造浪漫的灯光氛围……这一切，主人都可以安坐在沙发上从容操作。一个控制器可以遥控家里的一切，如拉窗帘，给浴池放水并自动加热调节水温，调整窗帘、灯光、音响的状态；厨房配有可视电话机，可以一边做饭，一边接打电话或查看门口的来访者；在公司上班时，家里的情况还可以显示在办公室的计算机或手机上，随时查看；门口机具有拍照留影功能，家中无人时如果有来访者，系统会拍下照片供查询（图 1-21）。

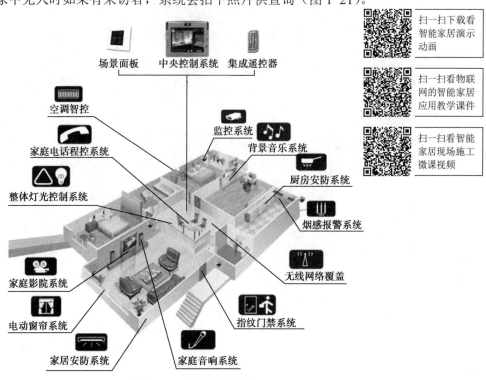

扫一扫下载看智能家居演示动画

扫一扫看物联网的智能家居应用教学课件

扫一扫看智能家居现场施工微课视频

图 1-21　智能家居系统

案例 1-2　智能家居系统设计方案

一个典型的智能家居控制系统包括彩色可视智能终端、系统主机、集控器、各种智能模块。彩色液晶智能可视终端集可视对讲、安防操作、信息发布、远程抄表、家居智能控制等功能于一体，是配合智能控制主机使用的操作终端。

各种智能模块包括通信模块、调光模块、开关模块、插座模块、电动窗帘控制模块、报警模块等。系统的所有模块均内置微控制器，使用网线作为通信总线，连接各单

元模块组成一个网络。每个单元模块均内置唯一身份识别码，系统内每个单元模块的任何输入回路都可以通过编程定义一个名称及所对应的动作，任何输出回路都可通过编程根据要求做出适当的响应动作。所有的触发信号或者数据信息都通过系统总线发送到任何一个单元模块，单元模块接收到信息后，根据信息做出相应的响应，从而实现客户需求的功能控制。

智能家居控制系统可分为安防报警系统、网络视频监控系统、智能灯光控制系统、电器控制系统、背景音乐系统和环境控制系统（图1-22）。

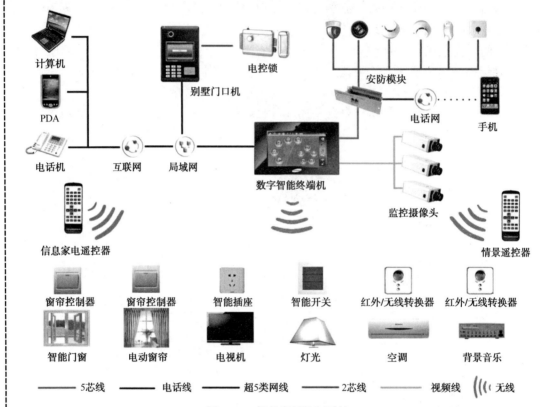

图1-22　智能家居控制系统

1. 安防报警系统

安防报警系统由三部分组成。报警探头：煤气泄漏、火灾、有线门磁、紧急按钮，红外探头等；报警主机：通过总线传输完成防盗报警、通信、控制；智能控制终端：本地操作完成对家居的布防与撤防。

1）红外探测

在房子的主要场所安装红外探测器，在设防状态下，如果有任何非法进入，报警系统会启动。先进的红外探测器采用人性化的设计，完善的防拆、防短路、防宠物等功能，大大加强了防误报能力。

2）防火

在厨房安装烟感探头，当有烟雾时发出信号，系统会立刻响铃报警，响铃等待时间达到预先设定值时，会自动拨打电话报警。

　　3）门窗破入感应报警

　　当家中安防设备都进行布防后，如果门窗被非法破坏后闯入，系统会立刻响铃报警，响铃等待时间达到预先设定值时，会自动拨打电话报警。当报警发生时，系统会自动拨号到用户预先设定的电话或手机上，业主接收到报警信号并按密码确认后，可通过电话监听家里情况。同时系统还可以联动警灯、警报器和照明灯光以恐吓盗贼，同时起警示的作用。

2. 网络视频监控系统

　　网络视频监控系统由两部分组成。前端设备：由各摄像机组成；硬盘录像机：由录像设备和存储设备组成，可以通过 WEB 网络完成视频监控查看。在房子的大门口安装视频监控点，这样无论主人在哪里，通过便利的互联网就可以看到家中一天 24 h 内发生的所有情况。长期出门在外时，可以将家中 15 d×24 h 内所发生的一切全部记录下来，回家后可以一一进行回放。甚至在出门在外的过程中，它还可定时、定量地给邮箱、手机发送相关捕捉的图像。当家中出现异常状况时，视频监控系统还可以自动电话报警。在家看电视或者上网时，有客人来访，可以通过遥控切换到监控画面并显示在电视机或者计算机屏幕上。

3. 智能灯光控制系统

　　智能灯光控制系统主要具有定时功能、感应功能、场景功能、多种控制方式四大优势。通过智能照明系统的布线和设置，能轻松地根据自己的喜好组合不同的场景模式，并能将这些场景实现"一键式"存储和开启。每个灯在不同场景中各自的状态和亮度均可设置并记忆，使用时只需轻轻一按，复杂的灯光效果即刻呈现。照明灯光还可以与其他设备（如幕布、窗帘、电视机等）配合组成复杂的场景，如起床模式、上班模式、回家模式、晚餐模式、影院模式、睡觉模式等。通过智能灯光系统，您可以坐在沙发上或躺在床上用遥控器控制家中所有的灯具，不必为了关上某一盏灯而楼上楼下、东房西房地来回走动。

4. 电器控制系统

　　电器控制系统选用智能型插座和红外转发模块进行联动控制。通过智能化系统，一个动作可以实现以前需要 4 步甚至 5 步的动作，为我们的生活带来便利和智能化的享受。

5. 背景音乐系统

　　简单地说，背景音乐系统就是在居室的任何一个房间，包括厨房、卫生间、卧室、阳台都安装背景音乐线，通过一个或多个音源，让每个房间都能听到美妙的背景音乐。该系统由三部分组成：控制中心由一台背景音乐中央智能主机和遥控器组成；分控系统由安装在各个房间内的液晶控制面板组成；前端设备由吸顶式音乐喇叭或壁挂式艺术音箱组成。

6. 环境控制系统

　　环境控制系统包括中央空调、电动窗帘等。

1.3.3　智能工业

智能工业是指将信息技术、网络技术和智能技术应用于工业领域，给工业注入"智慧"的综合技术。它突出了采用计算机技术模拟人在制造过程中和产品使用过程中的智力活动，以进行分析、推理、判断、构思和决策，从而扩大延伸和部分替代人类专家的脑力劳动，实现知识密集型生产和决策自动化。

示例：

中国科学院计算技术研究所率先开展了相关研究，将一系列便携式、低成本、无线传感器节点配备在矿工身上，在有线系统达不到的地方形成无线感知网络，由此实现井上与井下语音信号的传输，随时了解工作位置、环境状况及工作进度等。

示例：

在工业现场，图像和声音也是极具潜在优势的感知手段，多类型传感数据从不同角度描述物理世界，对同一场景多类型数据进行融合，可以得到对环境更为全面而有效的感知。工业仪表无线识读装置是一种新型的工业无线装置，它安装在工业仪表的表盘外，通过内置的图像传感器拍摄仪表盘，并通过对获得的仪表盘的图像的处理和识别，得到仪表读数，得到的仪表读数可以通过工业无线网络发送到工厂监控中心，从而实现对传统本地显示仪表的远程监测。

案例 1-3　RFID 生产线管理系统方案

生产型企业在建立和不断完善质量体系的过程中，要求产品生产线有一套清晰、完整、便于存取和检索的质量记录。传统的条码系统有其优点，也有明显的缺点，如易污染、折损、需要停止等待逐个扫描等，批量识读效率不高，无法满足快速、准确的需求。RFID 技术在车间现场数据终端（如看板终端或触摸屏）的集成应用，充分适应工业环境的复杂要求，无须直视或利用人工扫描，有效、简约地解决了数据采集、数据准确性和实时输入等方面的问题。

为充分发挥 RFID 的技术优势，将 RFID 信息与现有基于条码的生产管理系统进行信息整合，将 RFID 应用有机地纳入到企业信息化整体架构中。利用 RFID、条码、传感器采集生产线现场的实时数据，把读取到的数据通过网络（有线或无线）传给上位设备（如控制器、计算机）。物品上的 RFID 标签，配合联成网络的 RFID 阅读器，每一次识别就意味着对物品的追踪。不但如此，RFID 系统还能提供多种应用和服务，包括生产线状况监控、员工行为监控、生产管理、质量管理与追踪、物料管理、作业调度、现场操作指导、生产数据实时上传等。根据产品的标识码就能将产品的全部信息及各个流动点的信息列出。为了保证跟踪信息完整而且可实时查询信息链，RFID 系统提供了信息链备份功能，即使有一点间断也可以查出跟踪信息。

该系统包括 RFID 应用服务器、RFID 数据服务器、RFID 计算机、RFID 读写设备等。电子标签关联在生产线的电器上，随着电器生产作业过程的进行，系统会随时更新电子标签内的数据。电器生产线如图 1-23 所示。

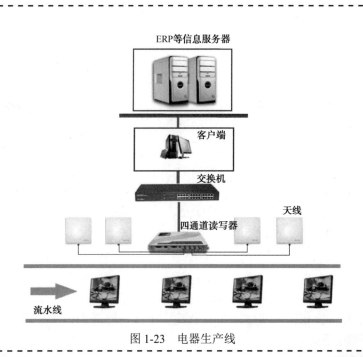

图 1-23　电器生产线

1.3.4　智能物流

扫一扫看物联网的智能物流应用教学课件

　　智能物流简单地说就是物联网在物流领域的应用，它是指在物联网广泛应用的基础上利用先进的信息管理、信息处理、信息采集、信息流通等技术，完成将货物从供应者向需求者移动的整个过程，其中包括仓储、运输、装卸搬运、包装、流通加工、信息处理等多项基本活动。智能物流是为需方提供最佳的服务，为供方提供最大化利润，同时消耗最少的社会和自然资源，以最少的投入获得最大效益的整体智能社会物流管理体系。智能物流是物流信息化的发展目标及现代物流业的发展新方向。

　　示例：

　　上海浦菱储运有限公司基于 Internet 开发了运输/仓库管理系统。在上海总部设立了信息中心，通过 Internet 对各分支机构进行统一管理。在公司所属的 50 辆长途厢式货车上安装了 GPS 定位装置，每隔一定时段（如 1 h）总部可以对车辆的当前位置进行确认。需要时，可通过 GSM 与驾驶员进行联系，下达指令或了解发生的问题，客户可以用公司提供的用户密码登录该管理系统，查询有关信息。

　　示例：

　　在物流商品中植入传感芯片（节点），供应链上的购买、生产制造、包装／装卸、堆栈、运输、配送/分销、出售、服务每一个环节都能无误地被感知和掌握。这些感知信息与后台的 GIS/GPS 数据库无缝结合，成为强大的物流信息网络（图 1-24）。

1.3.5　智能医疗

扫一扫看物联网的智能医疗应用教学课件

　　智能医疗通过打造健康档案区域医疗信息平台，利用最先进的物联网技术，实现患者

与医务人员、医疗机构、医疗设备之间的互动，逐步达到信息化。在不久的将来，医疗

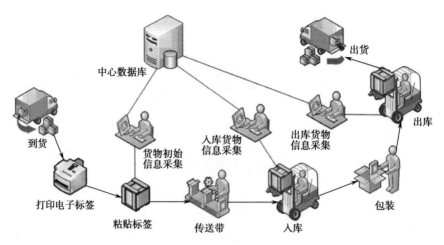

图 1-24　智能物流

行业将融入更多人工智慧、传感技术等高科技，使医疗服务走向真正意义上的智能化，推动医疗事业的繁荣发展。

物联网方案在智能医疗方面的应用有医院的耗材管理、药品的追踪溯源和血液管理等。

示例：

法国将 RFID 应用到输血袋上，为了确保质量使之不易产生不良变化，血液必须处在一定温度下，因此 French Blood Agency Chemovigilance 与系统厂商 Technopuce 合作，这种应用将 RFID 芯片与温度感应器结合，血液被抽取出来之后，即将芯片与感应器贴附于血袋上，在运送、仓储时，感应器所测得的温度都会被记录在芯片中，该血液被使用前可透过读取器看到所有的温度记录，借此判断质量。

示例：

RFID 也用来作为特殊药品的管制。对于部分药品，药盒上的读取器有其限制，必须读取到认可的标签，才会打开药盒；而护士巡房用的药品推车，也被植入 RFID 系统，通过 RFID 可以管控、记录护士的用药情形。病人用药的时间也会被记录在 RFID 系统中，作为日后医疗依据或产生纠纷时的评判证据。

智能医疗结合无线网技术、条码 RFID、物联网技术、移动计算技术、数据融合技术等，将进一步提高医疗诊疗流程的服务效率和服务质量，提升医院综合管理水平，实现监护工作无线化，全面改变和解决现代化数字医疗模式、智能医疗及健康管理、医院信息系统等方面的问题和困难，并大幅度提高医疗资源共享率，降低公众医疗成本。

1.3.6　物联网在发展过程中面临的问题

1. 在安全与隐私上存在威胁

物联网时代，信息传递得到了极大的加快，提高了社会效率，但也将引起信息安全与个人隐私等方面的问题。比如，大型国有企业或者政府机构如果与国外的机构进行项目合作，这就

会涉及企业商业机密及国家机密的问题。防止机密泄露不但是一个技术问题，更是关系到国家安全的问题。射频识别是物联网中的关键技术，在射频识别系统中，任意一个标签的标识（ID）或识别码都能在远程被任意扫描，且标签自动地、不加区别地回应阅读器的指令并将其所存储的信息传输给阅读器，这就使得该物品的使用者可以不受控制地被扫描、定位及追踪，从而使个人的隐私权受到侵犯。由于人工智能处理代替了基本的日常管理，物联网一旦受到病毒的攻击，将会导致严重的经济损失，甚至引起社会混乱。

2. 缺乏统一完整的技术标准

虽然走了不少弯路，但互联网最终很好地解决了标准化的问题，从而实现了网络与网络之间的互连，令整个地球变成了一个地球村。在物联网发展过程中，针对大量出现的传感、传输、应用等各个层面的新技术，不同国家及不同的研发机构可能会采用不同的技术方案，按照自己的标准生产制造，导致产品之间很难兼容，从而影响产品间的相互识别和感应，相互间无法连通、不能进行联网、不能形成规模经济、不能形成整合的商业模式，也不能降低研发成本。因此，有必要统一技术标准，制定统一的管理机制，由专门的部门进行管理协调，并出台相应的政策法规。

3. 商业模式不成熟

技术问题的挑战只是物联网发展的一个方面，另一个重要的方面来自于市场规模化的应用。物联网商业模式极不成熟，有待于进一步完善。第一，规模化行业应用的不足成为制约物联网产业形成、核心关键技术突破和标准化的重大瓶颈，难以激发产业链各环节的参与和投入热情；第二，只有规模化供给才能降低成本，才能形成产业发展的良性机制，才会有市场发展的动力。物联网涉及内容复杂、应用范围广，不可能使用一种单一固定的模式，要加强创新，探索多样化、规模化的商业模式。

4. 关键技术亟待突破

物联网中非常重要的技术是射频识别技术（RFID），利用该技术，无须人的干预，通过计算机互联网即可实现物品的自动识别和信息的互联与共享。在物联网最核心部分——传感网芯片的研发上，国内 RFID 仍以低端为主，高端产品多为国外厂商垄断，80% 以上的高灵敏度、高可靠性传感器仍需要进口。高端技术缺乏无疑将对国际标准制定竞争产生影响，并严重削弱我国在该产业上的话语权。我国的传感器芯片从技术到制造工艺都落后于美国等发达国家。

5. 能耗及污染比较严重

互联网世界的信息十分庞杂，其中有大量的“垃圾信息”在消耗看似取之不尽的计算能力，耗费大量的电能，排放大量的二氧化碳。随着物联网的发展，物联网将会成为一个万亿级的通信业务。据专家预测，到 2035 年前后，中国的传感网终端将达到数千亿个；到 2050 年，传感器将在生活中无处不在。届时，将比现有的互联网“制造”更多的信息，需要进行巨量的数据计算和处理，所以为保证物联网的健康发展，要及时规划好、控制好信息的采集和流向，同时也要对这些数据进行区分和筛选。

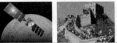

思考与问答 1-2

（1）简述构建物联网体系结构的原则。

（2）简述物联网各层的关键技术。

训练任务 1-2 调研生活中的物联网

1. 任务目的

（1）了解物联网三层结构。

（2）能对身边的物联网系统进行三层结构的分析。

2. 任务要求

关注物联网技术给生活带来的变化，如智能家居、智能医疗等，本任务通过网络调研方式收集相关案例，调研内容需包含以下要点：

（1）物联网生活场景及功能展示，采用图片匹配文字形式展现。

（2）针对场景分析使用的技术，并通过三层结构分析技术所属层面。

（3）每人选一个主题，课内发言。

3. 任务评价

序　号	项 目 要 求	得　分
1	所选主题内容与要求一致（15）	
2	物联网生活场景描述清晰，图文并茂（35）	
3	充分利用软件展示清晰（25）	
4	每个场景包含技术不少于3个（25）	

内容小结

本单元重点介绍物联网的起源和发展、物联网的概念、体系结构、关键技术和物联网的应用。物联网是在计算机互联网的基础上，利用射频识别、无线数据通信等技术，构造的可以实现全球物品信息实时共享的实物互联网。物联网可分为感知层、网络层和应用层，每一部分相互独立又密不可分。目前，物联网的发展应用主要体现在智能电网、智能交通、智能物流、智能家居等领域。通过本单元的学习，能够对物联网的起源和发展、基本定义、主要领域等有一个基本了解，并建立物联网的整体概念，为以后学习打下基础。

单元2

自动识别技术

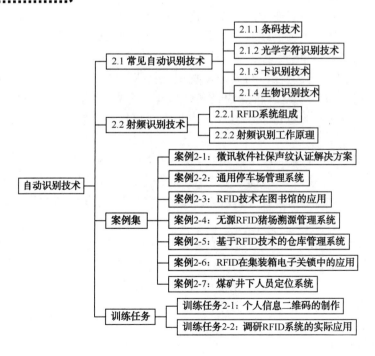

物联网是在计算机互联网的基础上，利用自动识别、无线数据通信等技术，通过计算机互联网实现物品的自动识别和信息的互联与共享，让物品能够彼此进行"交流"，无须人的干预。物联网中非常重要的技术是自动识别技术，自动识别技术是能够让物品"开口说话"的一种技术。

射频识别（RFID）技术是自动识别技术中的一种，是实现物联网的关键技术。RFID 利用射频信号实现无接触的信息传递，达到物品识别的目的。RFID 技术与物联网、移动通信等技术结合，可以实现全球范围内物品的跟踪与信息共享，从而给物体赋予智能，实现人与物体以及物体与物体的沟通和对话，最终构成联通万物的物联网。

2.1　常见自动识别技术

自动识别技术是将数据自动采集和识读，并自动输入计算机的重要方法和手段。近二30 年来，自动识别技术在全球范围内得到了迅猛发展，初步形成了一个涵盖条码识别技术、射频识别技术、生物特征识别技术、图像识别技术以及磁识别技术等技术的集计算机、光、电、通信和网络技术为一体的高技术学科。

自动识别技术的崛起，为计算机提供了快速、准确地进行数据采集和输入的有效手段，解决了计算机通过键盘手工输入数据速度慢、错误率高造成的"瓶颈"难题，因而自动识别技术作为一种先导性的高新技术，正迅速为人们所接受。下面先看一个案例。

案例 2-1　微讯软件社保声纹认证解决方案

近年来，由于经济的高速发展和城市化进程中人口流动大、管理难度加大，全国各地陆续出现社保基金被冒领的现象，尤其是养老金被冒领的现象更为严重，给国家造成了非常大的经济损失，同时严重影响了社会安定，是和谐社会的一大隐患。

声纹识别所提供的安全性可与其他生物识别技术（指纹、掌形和虹膜）相媲美，且只需电话或麦克风即可，无须特殊的设备，数据采集极为方便，造价低廉，是最为经济、可靠、简便和安全的身份识别方式，也是唯一可用于非接触式远程安全控制领域的声纹识别方式。

为解决养老金防冒领问题，微讯社保声纹认证解决方案采用声纹识别引擎，并整合现有的社保信息系统，构建了完整的社保认证防冒领解决方案。通过这种非接触式、造价低廉、操作简单的关键科技手段，突破性地解决了防冒领现象"量大面广"的实际问题。

每个人的声纹特征都不同，类似于人类的 DNA。如果能够预先采集到养老金领取人的声音数据，从中抽取出"声纹识别基因"，然后在定期的资格认证时，将领取人的声纹与声纹库中的声纹进行比对确认，就能够轻易地判断发放对象是否合法。对于极少量的聋哑人等特殊人群，再辅以人工检查手段确认。这样两者结合起来，将大幅度降低冒领的可能性（图 2-1）。

系统总共分成两大部分，一部分实现声纹采集，另一部分实现声纹认证和采集调整（图 2-2）。

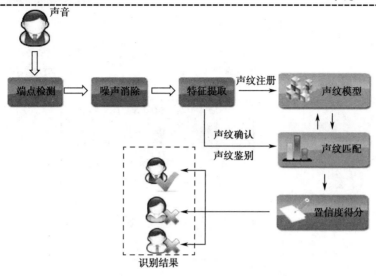

图 2-1 社保声纹认证系统

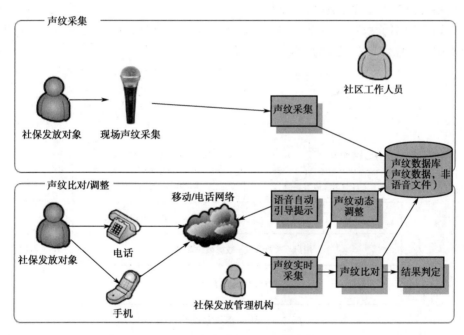

图 2-2 社保声纹认证逻辑结构

系统的物理结构如图 2-3 所示，由以下三大部分组成。

● 电话终端：主要是养老金领取人使用，通过电话进行远程非接触式声纹认证。

● PC 终端：主要是社保部门工作人员使用，可以在 PC 上查询每期的声纹认证结果，维护声纹数据库，对于已经不具备养老金发放资格的人员办理停止发放手续等。

● 声纹认证系统：声纹认证是一个体系，由一系列技术构建分工协作完成，包括交互式语音应答技术、语音合成技术、语音识别技术、声纹采集与识别系统、应用信息查询系统等。

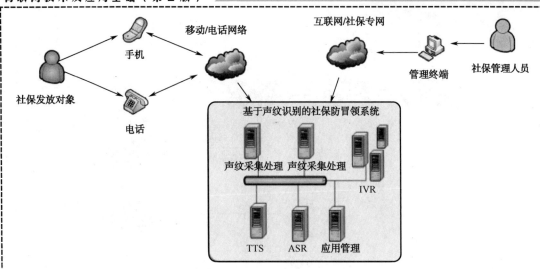

图2-3 社保声纹认证系统的物理结构

整个系统分成若干个子系统：交互式语音应答子系统、声纹采集子系统、语音合成子系统、语音识别子系统、声纹识别与认证子系统、用户与授权管理子系统、数据维护管理子系统、社保信息系统整合子系统（图2-4）。

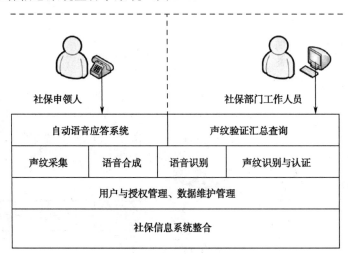

图2-4 社保声纹系统组成

（1）交互式电话语音应答子系统：该子系统负责与社保申领人进行交互应答，社保申领人通过拨打电话，实现与整个声纹识别认证体系进行交互对话。

（2）声纹采集子系统：声纹采集也称声纹注册，是进行声纹确认和声纹鉴别的重要前提。采集说话者的语音创建声纹模型，对说话者的身份进行登记的过程称为声纹注册。

（3）语音识别子系统：语音识别子系统的主要作用是进行语音认证，防止养老金申领人采取录音的方式骗取资格认证。通过电话，系统能够识别出申领人说出的认证码。每个认证周期的认证码都不同，例如本次认证码是1234，下次再认证则认证码可以变更为 4321 等。申领人必须每次都能够准确读出本次认证码，通过语音识别系统进行识别，如果用户读出的认证码和预先设定的认证码相同，则表示不是录音，否则认为是虚假音频。通过这种实时语音识别方式，可以有效防止申领人事先录音欺骗。

（4）声纹识别与认证子系统：声纹识别与认证时整个系统的核心与关键，该子系统将最终判定电话另一端的人是否是合法的养老金申领人。

（5）声纹验证汇总查询子系统：该子系统主要负责提供一个系统查询和汇总界面，供相关工作人员定期查询养老金发放对象的资格认证结果。

（6）养老金基础管理信息整合：本系统的核心在于对养老金申领人身份的一种认证，它本身并不包含养老金发放管理的业务处理，因此，为了能够利用现有基础数据库进行识别和认证，声纹识别认证系统必须对现有养老业务管理系统进行数据整合。

自动识别技术的分类方法很多，可以按照国际自动识别技术的分类标准进行分类，也可以按照应用领域和具体特征的分类标准进行分类。自动识别技术可以分为条码识别技术、生物识别技术、图像识别技术、磁卡识别技术、IC 卡识别技术、光学字符识别技术和射频识别技术等。

2.1.1　条码技术

扫一扫看一维条码技术教学课件

条码技术的核心是条码符号，我们所看到的条码符号是由一组规则排列的条、空以及相应的数字字符组成。条码是将宽度不等的多个黑条和空白，按一定的编码规则排列，用以表示一组信息，"条"指对光线反射率较低的部分，"空"指对光线反射率较高的部分。这种用条、空组成的数据编码可以供机器识读，而且很容易译成二进制数和十进制数。这些条和空可以有各种不同的组合方法，从而构成不同的图形符号，即各种符号体系（也称码制）。不同码制的条码，适用于不同的应用场合。条码一般有普通一维条码、二维条码两种。条码辨识技术已相当成熟，其读取的错误率约为百万分之一，首读率大于98%，是一种可靠性高、输入快速、准确性高、成本低、应用面广的资料自动收集技术。

小知识

早在 20 世纪 40 年代，美国乔·伍德兰德（Joe Wood Land）和伯尼·西尔沃（Berny Silver）两位工程师就开始研究用代码表示食品项目及相应的自动识别设备，并于 1949 年获得了美国专利，这种代码的图案如图 2-5 所示。

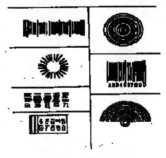

图 2-5　早期条码

该图案很像微型射箭靶，被叫做"公牛眼"代码。靶式的同心圆是由圆条和空绘成的圆环形。在原理上，"公牛眼"代码与后来的条码很相近，遗憾的是当时的工艺和商品经济还没有能力印制出这种码。

1. 一维条码

世界上约有 225 种一维条码，每种都有自己的一套编码规格，规定每个字母（可能是文字或数字或文数字）是由几个线条（Bar）及几个空白（Space）组成，以及字母的排列。较流行的一维条码有 39 码、EAN 码、UPC 码、128 码，以及专门用于书刊管理的 ISBN、ISSN 等。

1）EAN 码

EAN 条码是国际物品编码协会制定的一种条码，已用于全球 90 多个国家和地区，超市中最常见的就是 EAN 条码（图 2-6）。EAN 条码符号有标准版和缩短版两种，缩短版由 8 位数字构成，即 EAN-8（图 2-7）；标准版由 13 位数字构成，即 EAN-13（图 2-8）。我国于 1991 年加入 EAN 组织。

图 2-6　EAN 条码示例

图 2-7　EAN-8 条码示例

EAN13码

图 2-8　EAN-13 条码示例

用数字"1"来表示条码的一个"暗"或"条"部分，用"0"来表示条码的一个"亮"或"空间"部分。

标准条码由厂商代码、商品项目代码、校验码三部分组成，如图 2-9 所示。

2）三九码

三九码是一种条、空均表示信息的非连续型打码，它可表示数字 0～9、字母 A～Z 和 8 个控制字符（-，空格，/，$，+，%，·，*）等 44 个字符，主要用于工业、图书以及票据的自动化管理（图 2-10）。

结构种类	厂商识别标识								商品项目代码					校验码
结构一	X_{11}	X_{11}	X_{11}	X_{11}	X_9	X_8	X_7		X_9	X_9	X_9	X_9	X_9	X_1
结构二	X_{11}	X_{11}	X_{11}	X_{11}	X_9	X_8	X_7	X_6	X_9	X_9	X_9	X_9		X_1
结构三	X_{11}	X_{11}	X_{11}	X_{11}	X_9	X_8	X_7	X_6 X_5	X_9	X_9	X_9	X_9		X_1
注：X_i（$i=i-13$）表示从右至左的第 I 位数字代码														

○厂商识别代码:
- 由7～9位数字组成（包括前缀码）;
- 厂商识别代码由中国物品编码中心负责分配和管理;
- 具有企业法人营业执照或营业执照的厂商可以申请注册厂商识别代码

○校验码
保证机读时读取代码的正确性

国家地区代码
厂商识别代码
商品项目代码
校验码

○由3～5位数字组成，用于表示商品的代码
○商品项目代码由厂商自行编制

图 2-9 标准条码组成

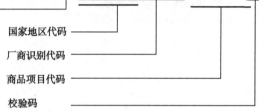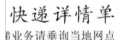

图 2-10 三九码示例

三九码仅有两种单元宽度，分别为宽单元和窄单元。宽单元的宽度为窄单元的 1～3 倍，一般多选用 2 倍、2.5 倍或 3 倍。三九码的每个条码字符由 9 个单元组成（5 个条单元和 4 个空单元），其中 3 个单元是宽单元，其余是窄单元，故称之为"三九码"。

三九码的特征如下:

（1）用 9 个条和空来代表一个字母（字符）。

（2）条形码的开始和结束（起始/终止符）都带有星号（*）。

（3）字符之间的空称作"字符间隔"，一般来说，间隔宽度和窄条宽度一样。

小知识

条码识读设备的分类:

（1）光笔——只能识读一维条码。

（2）激光式——只能识读一维条码和行排式二维码。

（3）图像式——不仅可以识读一维条码，而且还能识读行排式和矩阵式二维条码（图 2-11）。

扫一扫看条码识读设备教学课件

图 2-11　条码识读设备

　　条码识读设备工作时，会发出光束扫过条码，光线在浅色的空上容易反射，而在深色的条上则不反射，条码根据长短以及黑白的不同，反射回对应的不同强弱的光信号，光电扫描器将其转换成相应的电信号，经过处理变成计算机可接收的数据，从而读出商品上条码的信息。

2. 二维码

　　普通的一维条码自问世以来，很快得到了普及并被广泛应用。但是由于条码的信息容量很小，很多描述信息只能依赖于数据库，因而条形码的应用受到了一定的限制。二维条形码能够在横向和纵向两个方位同时表达信息，因此能在很小的面积内表达大量的信息（图 2-12）。

扫一扫看二维条码技术微课视频

一维码

6 901234 567892

一个维度（*x*轴）

二维码

两个维度（*x*、*y*轴）

扫一扫看二维条码技术教学课件

图 2-12　一维码、二维码对比

　　二维码的优点在于能在纵横两个方向同时表示信息，因此能在很小的面积上表示大量的信息，超越了字母、数字的限制，可以将图片、文字、声音等进行数字化编码，用二维码表示出来。二维码容错能力强，即使有穿孔、污损等局部损坏，照样可以正确识读；误码率低，可以加入加密措施，防伪性好。

　　二维条码有以下不同结构。

　　（1）线性堆叠式二维码。在一维条码编码原理的基础上，将多个一维码在纵向堆叠而产生。典型的码制有 Code 16K、Code 49、PDF417 等。

　　（2）矩阵式二维码。在一个矩形空间通过黑、白像素在矩阵中的不同分布进行编码。典型的码制有 Aztec、Maxi Code、QR Code、Data Matrix 等（图 2-13）。

1）QR 码

　　QR 码——Quick Response Code，即高速识读码，是由日本 Denso 公司于 1994 年 9 月研制的一种矩阵二维码符号。

 PDF417

 Data Matrix

线性堆叠式二维码 矩阵式二维码

图 2-13 线性堆叠式二维码和矩阵式二维码

QR 码符号共有 40 种规格，版本 1 的规格为 21 模块×21 模块，版本 2 为 25 模块×25 模块，依此类推。每一版本符号比前一版本每边增加 4 个模块，直到版本 40，规格为 177 模块×177 模块（图 2-14）。

• 整体呈正方形，只有黑白两色。
• 4 个角落中的 3 个印有较小的"回"字形图案，用来帮助解码软件定位，使用者不需要对准，无论以任何角度扫描，资料均能被正确读取。

位置探测图形

格式信息

 扫一扫看条码技术应用教学课件

图 2-14 QR 码

2）Data Matrix 条码

主要用于电子行业小零件的标识，两条邻边（左边的和底部的）为暗实线，形成了一个 L 形边界（图 2-15）。

3）龙贝码

龙贝码（LPCode）是中国人的二维码，是具有国际领先水平的全新码制，拥有完全自主知识产权（图 2-16）。

4）汉信码

汉信码是我国拥有自主知识产权的一种二维条码，是目前唯一一个全面支持汉字的条码（图 2-17）。

图 2-15 Data Matrix 条码

网上购票

• 可变的码形长宽比。

• 不同等级加密：一个码内允许同时不同的信息组以不同的等级进行加密。

图 2-16 龙贝码

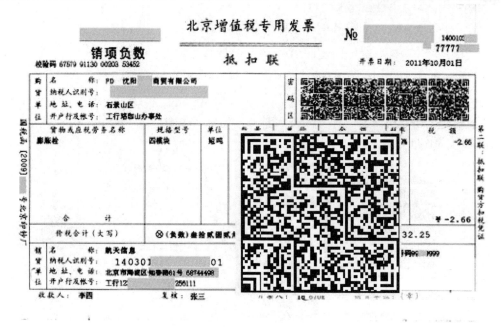

图 2-17　汉信码

2.1.2　光学字符识别技术

光学字符识别（Optical Character Recognition，OCR），是图案识别（Pattern Recognition，PR）的一种技术，其目的是让计算机知道它到底看到了什么，尤其是文字资料。OCR 技术能够使设备通过光学的机制来识别字符（图 2-18）。

一个 OCR 识别系统的处理流程如下：首先将标的物的影像输入，然后经过影像前处理、文字特征抽取、比对识别等过程，最后经人工校正将认错的文字更正，将结果输出。

光学字符识别包括办公自动化中印刷体汉字、英文、日文等文件资料的自动输入；建立汉字文献档案库；语言处理中文书刊资料的自动输入；汉字文本图像的压缩存储和传输；书刊自动阅读器，盲人阅读器；书刊资料的再版输入，古籍整理；智能全文信息管理系统，汉英翻译系统；名片识别管理系统；车牌自动识别系统；网络出版；表格、票据、发票识别系统；身份证识别管理系统；教育系统的应用，如无纸化评卷。

2.1.3　卡识别技术

卡识别技术可以分为磁卡和 IC 卡。

磁卡是一种磁记录介质卡片，它由高强度、耐高温的塑料或纸质材料涂覆塑料制成，能防潮、耐磨且有一定的柔韧性，携带方便，使用较为稳定可靠（图 2-19）。磁条是一层薄薄的由定向排列的铁性强化粒子组成的磁性材料（也称涂料），用树脂黏合剂将这些磁性粒子严密地黏合在一起，并黏合在诸如纸或者塑料这样的非磁性基片媒介上。磁条记录信息的方法是变化磁的极性，在磁性氧化的地方具有相反的极性，识读器才能够在磁条内分辨出这种磁性变化。一部解码器可以识读出磁性变化，并将它们转换回字母或数字的形式，以便由计算机来处理。

扫一扫看磁卡识别技术教学课件

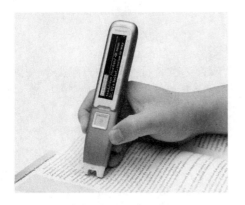

图 2-18　电子扫描笔

图 2-19　磁卡

　　磁卡能在小范围内存储较大数量的信息，并且磁条上的信息可以被重写或更改，即具有现场改变数据的能力，这个优点使得磁卡的应用领域十分广泛，如信用卡、银行 ATM 卡、会员卡、现金卡（如电话磁卡）、机票和公共汽车票等。

　　磁卡的数据存储时间长短受磁性粒子极性的耐久性限制。另外，磁卡存储数据的安全性一般较低，如果不小心接触磁性物质就可能造成数据的丢失或混乱。

　　磁条的价格便宜，但容易磨损，且不能折叠、撕裂，存储数据量小。

　　IC 卡又称集成电路卡（Integrated Circuit Card），在有些国家和地区也称智能卡（Smart Card）、智慧卡（Intelligent Card）、芯片卡（Chip Card）卡等。它是将一个微电子芯片嵌入到卡基中，做成卡片形式，通过卡片表面 8 个金属触点与阅读器进行物理连接，来完成通信和数据交换（图 2-20）。IC 卡的外形与磁卡相似，区别在于数据存储的媒体不同。

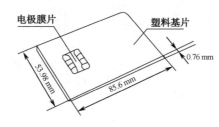

电极膜片　　　　　塑料基片

53.98 mm

85.6 mm

0.76 mm

图 2-20　IC 卡

扫一扫看 IC 卡识别技术教学课件

扫一扫看 IC 卡识别微课视频

　　根据读/写方式的不同，可将 IC 卡分为接触式 IC 卡和非接触式 IC 卡。接触式 IC 卡须将 IC 卡插入阅读器直接接触连接（图 2-21）；非接触式 IC 卡与接触式 IC 卡有同样的芯片技术和特性，最大的区别在于卡上设有射频信号或红外线收发器，在一定距离内即可收发阅读器的信号。

　　IC 卡的应用比较广泛，我们接触比较多的有电话 IC 卡、购电（气）卡、手机 SIM 卡、医疗 IC 卡以及智能水表、智能气表等。

　　IC 卡识别技术的特点是存储容量大，体积小，质量

图 2-21　接触式 IC 卡

轻，抗干扰能力强，便于携带，易于使用，安全性高，对网络要求不高。但是 IC 卡的价格稍高一些，由于它的触点暴露在外面，有可能因人为的原因或静电损坏。

2.1.4　生物识别技术

生物识别技术是指利用可以测量的人体生物学或行为学特征来识别、核实个人身份的一种自动识别技术。能够用来鉴别身份的生物特征应该具有以下特性：广泛性、唯一性、稳定性、可采集性。

示例：

虹膜能够控制瞳孔大小，并使人们的眼球带有颜色。在胎儿发育阶段，虹膜就已形成复杂独特的结构，在整个生命历程中保持不变。这就是虹膜基础的生物识别系统的有效性真实原因，每个人的虹膜都各不相同。

美国一家高技术公司研制出的虹膜识别系统已经应用在美国得克萨斯州联合银行的 3 个营业部内。储户来办理银行业务，无须银行卡，更没有回忆密码的烦恼（图 2-22）。

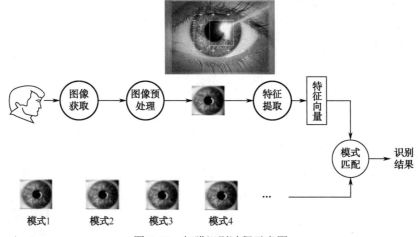

图 2-22　虹膜识别过程示意图

示例：

日本三菱电机公司将指纹认证装置微型化，并内置于公司将要推出的手机中。使用者打电话时，只要用手指触摸手机的传感器部位，手机就能马上识别出指纹是否与使用者事先登记的指纹一致。如果与事先登记的指纹不相符，电话就不能接通（图 2-23）。

示例：

2008 年，人脸识别技术首次亮相奥运会，保障了北京奥运会及残奥会的开、闭幕式的安全。人脸识别技术是指利用分析比较人脸视觉特征信息进行身份辨别的计算机技术（图 2-24）。

思考与问答 2-1

（1）什么是自动识别技术？你能说出哪几种？

图 2-23　指纹认证

图 2-24　人脸识别技术

（2）举例说明你所见到的条码识别技术是如何组成以及如何识别的。

训练任务 2-1　个人信息二维码的制作

1. 任务目的

（1）认识自动识别技术的分类以及各自的特点。

（2）了解自动识别技术的应用。

2. 任务要求

利用网络，采用在线方式将个人的信息或其他语句和图像生成二维码，体验条码技术的特点。需包含以下要点：

（1）利用 PPT 展示二维码的制作过程。

（2）阐述二维码的读取原理。

3. 任务评价

序号	项 目 要 求	得　分
1	所选主题内容与要求一致（15）	
2	二维码制作过程描述清晰，图文并茂（35）	
3	充分利用软件展示清晰（25）	
4	二维码表现具有创新（25）	

2.2　射频识别技术

小知识

　　RFID 在历史上的首次应用可以追溯到第二次世界大战期间（20 世纪 40 年代）。当时，英国为了识别返航的飞机，在盟军的飞机上装备了高耗电量的主动式标签（Active Tag），当控制塔上的探询器向返航的飞机发射一个询问信号后，飞机上的标签就会发出适当的响应，探询器根据接收到的回传信号来识别敌我。这是有记录的第一个 RFID 敌我识别系统 IFF（Identify Friend or Foe），也是 RFID 的第一次实际应用。

射频识别技术是自动识别技术的一种，它通过无线电波进行数据传递，是一种非接触式的自动识别技术。它通过射频信号自动识别目标对象并获取相关数据，识别工作无须人工干预，可工作于各种恶劣环境。与条码识别、磁卡识别技术和 IC 卡识别技术等相比，它以特有的无接触、抗干扰能力强、可同时识别多个物品等优点，逐渐成为自动识别中最优秀的和应用领域最广泛的技术之一，是目前最重要的自动识别技术。下面先看一个案例。

案例 2-2　通用停车场管理系统

随着科学技术的发展和人民生活水平的日益提高，社会车辆数量在不断地上升，道路拥堵越来越严重，车辆停泊越来越难，小区、机关、企事业单位、社会停车场车满为患，必须使用现代技术手段对车辆进行管理。

通用停车场管理系统主要由收费分中心、传输网络和收费指挥中心组成。收费分中心主要是指收费停车场、政府机关、企事业单位、住宅小区等一般停车场所。传输网络可以是无线网、有线网等。收费指挥中心主要是关注各停车的状态，包括现场数据、现场情况和现场处理是否正常等，起指导与监管作用。通用停车场管理系统架构如图 2-25 所示。

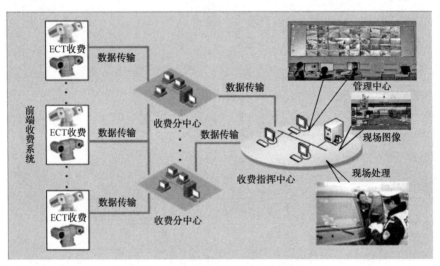

图 2-25　通用停车场管理系统架构

由于停车位比较紧张，需要对固定车辆实行通行证管理，该通行证简称"电子车牌"。电子车牌由远距离、非接触 RFID 标签构成，一般采用陶瓷材料的标签，固定在车辆前挡风玻璃上，或者采用金属电子标签，固定在车辆前牌照边沿，标签一般不可拆卸，保证一车对应一卡。车辆进出时不用停车，系统会自动读取电子车牌，拍摄车辆车牌图像，后台系统比对车辆电子车牌注册信息，若读取信息与后台注册信息一致，且通行期限有效，则自动抬起挡杆，无须人工操作（图 2-26）。对于临时进出的车辆，则可通过 IC 卡进行自动、半自动或人工管理。

用于停车场管理系统的阅读器设备采用两种方案，一种是将天线与阅读器集成的一体化阅读器，天线增益为 7.5 dB，安装在通道门顶部或通道侧面位置。这种一体化阅读器适用于读取标签距离较近，天线与标签相距小于 6 m 的场合。一般通道宽度不超过 3 m，安装在地下停车场入口处。

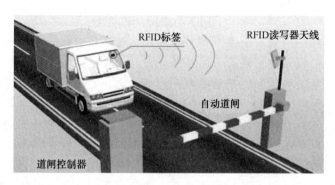

图 2-26 不停车系统

另一种是阅读器与天线是分开的，通过馈线连接，一台阅读器可以同时连接多个天线进行工作，可使用增益大的天线，天线增益为 12 dB。读取标签距离可以超过 10 m，应用于通道较宽的场合。

2.2.1 RFID 系统组成

RFID 是 Radio Frequency Identification 的缩写，即射频识别，是一种非接触式的自动识别技术，它通过射频信号自动识别目标对象，可快速地进行物品追踪和数据交换。识别工作无须人工干预，可工作于各种恶劣环境。RFID 是射频技术和 IC 卡技术有机结合的产物，解决了无源（卡中无电源）和免接触的难题，因而可以实现多目标识别、运动目标识别，可以应用在更多更广泛的场合，是今后发展的一个重点。

示例：

在马拉松比赛中，由于参赛人员太多，如果没有一个精确的计时装置会造成不公平的竞争。射频卡应用于马拉松比赛的精确计时，运动员在自己的鞋带上很方便地系上射频卡，在比赛的起跑线和终点线处放置带有微型天线的小垫片，当运动员越过此垫片时，计时系统接收运动员所带的射频卡发出的 ID 号，并记录当时的时间。这样每个运动员都有自己的起始和结束时间，不再有不公平竞争的可能性了。在比赛路线中如果每隔 5 km 就设置一个这样的垫片，也可以很方便地记录运动员的阶段跑所用时间（图 2-27）。

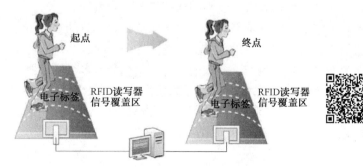

扫一扫看
RFID 系统
教学课件

图 2-27 RFID 在马拉松比赛中的应用

小知识

RFID 与条形码的比较

目前全球以千亿计的大小商品，都靠着产品上一条条粗细不一的线条（条形码）来辨别身份。但是条形码只能记载产品简单的背景，如生产商和品项名称，而且还得透过红外线接触扫描才能读取数据。更重要的是，目前全世界每年生产超过五亿种商品，而全球通用的商品条形码，由 12 位排列出来的条形码号码已经快要用光了。条形码是只读的、需要对准标的，一次只能读一个且容易破损；而 RFID 是可擦写的，使用时不需对准标的，同时可读取多个，坚固耐用，不需人工参与操作。首先，条形码依靠被动式的手工读取方式，工作人员需要手持读取设备一个一个扫描，而 RFID 读取设备利用无线电波，可以全自动瞬间读取大量标签的信息；其次，条形码属于易碎标签，由于物理、化学的原因很容易退色、被撕毁，RFID 属于电子产品，可以在条件苛刻的环境下使用；第三，条形码的存储量很小，而 RFID 标签内部嵌有存储设备，信息量巨大；第四，条形码是一次性的，不可改变的，而 RFID 可以任意书写，也可以进行修改。

　　射频识别（RFID）系统因应用不同其组成也会有所不同，但基本都是由电子标签、阅读器和后端应用软件三部分组成的，如图 2-28 所示。

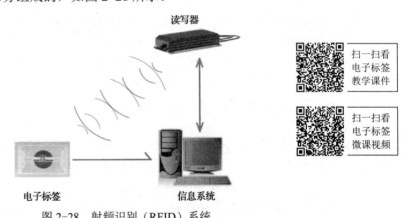

读写器

扫一扫看
电子标签
教学课件

扫一扫看
电子标签
微课视频

电子标签　　　　　　　信息系统

图 2-28　射频识别（RFID）系统

　　构成 RFID 系统的三大组成部分如下所述。

　　（1）电子标签：由耦合元件、芯片和天线组成，附着在物体上，每个标签具有唯一的电子编码，在标签中一般保存有被识别物体的相关电子数据。

　　（2）阅读器：它是读取（或者写入）电子标签数据信息的设备。

　　（3）后台管理系统：最简单的 RFID 系统只有一个阅读器，它一次只对一个电子标签进行操作，如公交车上的票务系统。复杂的 RFID 系统会有多个阅读器，每个阅读器要同时对多个电子标签进行操作，并要实时处理数据信息，这需要后台管理系统处理问题。后台管理系统是计算机网络系统，数据交换与管理由计算机网络完成，阅读器可以通过标准接口与计算机网络连接，完成数据处理、传输和通信的功能。

1. RFID 电子标签

　　电子标签是射频识别系统的数据载体，主要用来存储被标识物的数据信息。

1）分类

（1）根据供电方式分类

依据电子标签供电方式的不同，电子标签可以分为有源电子标签和无源电子标签。有源电子标签内装有电池，无源电子标签没有内装电池。对于有源电子标签来说，根据标签内装电池供电情况不同又可细分为有源电子标签和半无源电子标签。

有源电子标签，标签的工作电源完全由内部电池供给，同时标签电池的能量供应也部分地转换为电子标签与阅读器通信所需的射频能量。

半无源电子标签内的电池仅对标签内维持数据的电路或者标签芯片工作所需电压提供辅助支持，它们本身耗电很少。标签未进入工作状态时，一直处于休眠状态，相当于无源标签，标签内部电池的能量消耗很少，因而可维持几年，甚至长达 10 年；当标签进入阅读器的读取区域时，受到阅读器发出的射频信号激励，进入工作状态时，标签与阅读器之间信息交换的能量支持以阅读器供应的射频能量为主（反射调制方式），标签内部电池的作用主要在于弥补标签所处位置的射频场强不足，标签内部电池的能量并不转换为射频能量。

无源电子标签没有内装电池，在阅读器的读取范围之外时，电子标签处于无源状态，在阅读器的读取范围之内时，电子标签从阅读器发出的射频能量中提取其工作所需的电量。无源电子标签一般均采用反射调制方式完成电子标签信息向阅读器的传送。无源电子标签适合用在门禁或交通应用中，因为阅读器可以确保只激活一定范围之内的射频卡。

（2）根据工作频率分类

根据电子标签工作频率的不同，通常可分为低频（30～300 kHz）、中频（3～30 MHz）和高频（300 MHz～3 GHz）系统。低频射频卡主要有 125 kHz 和 134.2 kHz 两种，中频射频卡频率主要为 13.56 MHz，高频射频卡主要为 433 MHz、915 MHz、2.45 GHz、5.8 GHz 等。低频系统主要用于短距离、低成本的应用中，如多数的门禁控制、校园卡、动物监管、货物跟踪等；中频系统用于门禁控制和需传送大量数据的应用系统；高频系统应用于需要较长的读/写距离和高读/写速度的场合，其天线波束方向较窄且价格较高，常用于火车监控、高速公路收费等系统中（表 2-1、图 2-29）。

表 2-1　典型的 RFID 频率适用领域

区　分	领　域	主　要　内　容	频　率
物流/流通	制造业	附着在部件上，TQM 及部件传送（JIT）	915 MHz
	物质流管理	附着在货物、集装箱上等。降低费用及提供配送信息，收集 CRM 数据	433 MHz
	支付	需要注油、过路费等非现金支付时自动计算费用	13.56 MHz
	零售业	商品检索及陈列场所的检索、库存管理、防盗、特性化广告等	915 MHz
	装船/受领	附着在集装箱、商品上，缩短装船过程及包装时间	433 MHz
	仓储业	个别货物的调查及减少错误发生，节省劳动力	915 MHz
健康管理/食品	制药	为了方便视觉障碍者，在药品容器附着存储处方、用药方法、警告等信息的 RFID 标签，通过识别器把信息转换成语音，并进行传送	915 MHz
	健康管理	防止制药的伪造和仿造，提供利用设施的识别手段，附着在老年性痴呆患者用于收容设施及医药品/医学消耗品	915 MHz

续表

区　分	领　域	主　要　内　容	频　率
健康管理/食品	畜牧业流通管理	家畜出生时附着 RFID 标签，把饲养过程及宰杀过程信息存储在中央数据库里	125 kHz、134 kHz
确认身份/保安/支付	游乐公园/活动	给访客附着内置 RFID 芯片的手镯或 ID 标签，进行位置跟踪及防止儿童迷路 群体间位置确认服务	433 MHz
	图书馆、录像带租赁店	在书和录像带附着 RFID 芯片，进行借出和退还管理，防止盗窃	13.56 MHz、915 MHz
	保安	用作个人 ID 标签，防止伪造，确认身份及控制出入，跟踪对象及防止盗窃	2.45 GHz
	接待业	自动支付及出入控制	13.56 MHz
运输	交通	在车辆附着 RFID 标签，进行车辆管理（注册与否、保险等）及交通控制 实时监控管理大众交通情况	433 MHz、915 MHz、2.45 GHz

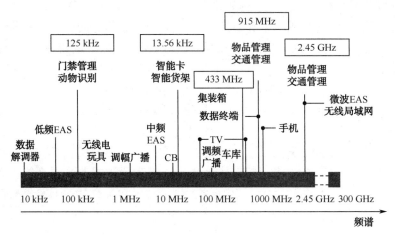

图 2-29　射频识别系统的典型工作频率

（3）根据调制方式分类

射频卡按调制方式的不同可分为主动式和被动式。主动式射频卡用自身的射频能量主动地发送数据给阅读器；被动式射频卡使用调制散射方式发射数据，它必须利用阅读器的载波来调制自己的信号，该类技术适合用在门禁或交通应用中，因为阅读器可以确保只激活一定范围内的射频卡。在有障碍物的情况下，用调制散射方式，阅读器的能量必须来去穿过障碍物两次，而主动式射频卡发射的信号仅穿过障碍物一次，因此主动方式工作的射频卡主要用于有障碍物的应用中，距离更远（可达 30 m）。

案例 2-3　RFID 技术在图书馆的应用

目前国内图书管理系统普遍采用"安全磁条＋条形码"的技术手段，以安全磁条作为图书的安全保证，以条形码作为图书的身份证，但是顺架、排架困难，劳动强度高，图书查找、馆藏清点烦琐耗时，音像读物难以流通，自动化程度低，管理缺乏人性化，

磁条容易被消磁，防盗效果差等，仍是急需解决的问题。现代图书馆需要做到图书自动盘点、图书自助借还、图书区域定位、图书自动分拣，以适应当前的发展要求。将 RFID 无线射频识别技术和计算机技术紧密结合，能够极大地提高图书馆的管理与服务水平，实现对图书更有效、更及时的管理和控制（图 2-30）。

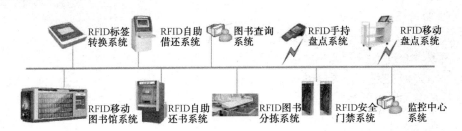

图 2-30　RFID 技术在图书馆的应用

运作过程（图 2-31）如下。

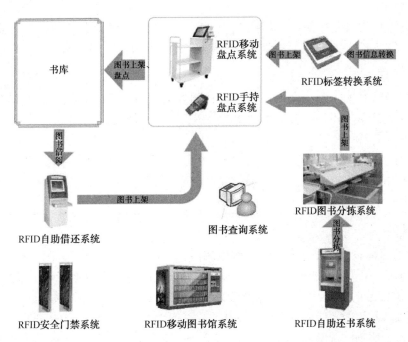

图 2-31　运作过程

1）新书进馆

首先为书籍粘贴 RFID 电子标签。利用标签转换装置将数据信息写入电子标签。这个过程就是给每本书配上一个独一无二的"身份证"。

2）上架、顺架

对于粘贴了电子标签的新书，利用推车式移动盘点系统，扫描书籍，系统会自动在地图上定位该书应存放的书架，用推车装载书籍到指定书架上架即可。利用推车式移动盘点系统，可以对书架逐个扫描，系统会自动挑出错架书籍，并且标明正确位置。

3）盘点

在对图书馆图书进行盘点时，可以使用移动盘点系统或者手持式盘点系统，对所有需要盘点的书架进行扫描，通过无线网络传输即可将数据录入数据库，完成盘点，可以大量节省人力、物力。

4）自助借还书

读者借书时，只需要将借书卡在自助借还机上扫描，再将所借书籍一起放在借还机的扫描区域，通过扫描，确认所借书籍，系统即可录入借书信息完成借书，并利用热敏打印机打印票据。完全读者自助，方便快捷。还书操作更简单，只需要扫描书籍，即可完成还书操作，打印还书票据。

5）24 h 自助还书系统

自助还书系统可以像银行自动取款机一样穿墙安装或者摆放在合适位置，方便读者随时还书。读者只需要将书籍放入还书口，确认后即可完成还书并可打印还书凭证。

6）安全门禁

当没有办理借书手续的图书经过安全门时，系统会自动进行声光报警，防止图书被带出。安全门禁支持在线、离线两种工作模式，系统更安全、更可靠。

7）移动图书馆

读者扫描借书证，确认身份以后，选择想要借阅的书籍，系统会自动将图书送到出书口，并打印票据。还书过程只需将书放入还书口，系统自动识别并打印出还书票据，自动将书放入正确位置。

RFID 技术简化了读者借/还书手续，缩短了图书流通周期，提高了图书借阅率，提升了图书馆人性化服务水平，充分发挥了图书馆公共服务职能，提升了图书馆的运作效率。

2）组成

电子标签由标签天线和标签专用芯片组成。

标签芯片是电子标签的核心部分，它的作用包括标签信息的存储、标签接收信号的处理和标签发射信号的处理；天线是电子标签发射和接收无线电信号的装置。电子标签电路的复杂度与标签所具有的功能成正比。不同电子标签芯片的结构会有所不同，但基本结构类似，一般由控制器、调制解调器、编解码发生器、时钟、存储器和电源电路构成（图2-32）。

电子标签类似于一个小的无线收发机。无线发射机输出的射频信号功率通过馈线输送到天线，由天线以电磁波形式辐射出去。当有电磁波到达电子标签区域时，由标签天线接收下来，并通过馈线送到无线电接收机。可见，天线是发射和接收电磁波的一个重要的无线电设备。

3）封装

为了保护标签芯片和天线，也为了使用方便，电子标签需要用不同的材料、不同的形式进行封装，以适应不同的应用领域和使用环境。封装在电子标签的硬件成本中占据了一半以上的比例，因此是产业链中重要的一环。下面分别从不同封装材料方面介绍封装的情况。

（1）纸标签

一般都具有自粘功能，用来粘贴在待识别物品上。这种标签比较便宜，一般由面层、芯片线路层、胶层、底层组成，如图 2-33 所示。

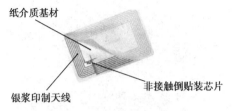

图 2-32　电子标签组成

图 2-33　纸标签

示例：

电子标签让世博会门票"保质期"变长，防伪性更高。

"物联网"一词在近些年逐渐变得耳熟能详，而其中最成熟的电子标签技术已不同程度触及市民生活的多个领域。上海世博会门票（图 2-34）票样于 2009 年 3 月 27 日公布。经过众专家历时两个多月设计出来的门票图案简洁明快、美观大方、轻松活泼，具有现代感，自然受到了很多人的喜爱。但每张门票漂亮的外观表面之下还内嵌电子标签，可以让门票"保质期"变长，防伪性能提高。世界电子票务系统是迄今世界会展业规模最大的 RFID 票证应用系统。

世博会期间最高峰客流可达 60~80 万，如何让客流更快地通过安检？相关人员表示，入园的闸机口可迅速读取世博会门票内嵌的电子标签信息，同时也可辨别真伪，因为内嵌的电子标签技术在相关仪器上可读出唯一的一组序列号，保证每张合法来源的世博会门票是独一无二的。从防伪性能上来看，独特的芯片加密技术与全程数字化管理使门票更加安全。

（2）塑料标签

采用特定的工艺将芯片和天线用特定的塑料基材封装成不同的标签形式，如钥匙牌、手表形标签、狗牌、信用卡等（图 2-35）。常用的塑料基材有 PVC 和 PSP，标签结构包括面层、芯片层和底层。

图 2-34　世博会门票

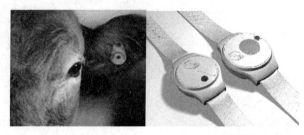

（a）牛耳标签　　　　　　　　　　（b）手表标签

图 2-35　塑料标签

示例：

欧洲和美国之间的高尔夫专业比赛——2014 年莱德杯，采用 RFID 腕带（图 2-36），让观众通过社交媒体进行互动，并通过非接触式支付购买商品。观众收到可作为门票的

RFID 腕带，通过平板电脑或智能手机，或到志愿者驻扎在场地的信息中心，激活并注册他们的 RFID 标签。一旦被激活，RFID 技术将使球迷可以参与许多莱德杯官方合作伙伴的活动，如赢取宝马汽车显示器和莱德杯押宝投资，还可以参加模拟团队竞争。

（3）玻璃标签

应用于动物识别与跟踪，将芯片、天线采用一种特殊的固定物质植入一定大小的玻璃容器中，封装成玻璃标签（图2-37）。

图 2-36　RFID 腕带

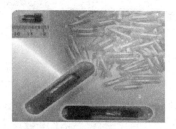

图 2-37　玻璃标签

案例 2-4　无源 RFID 猪场溯源管理系统

无源 RFID 猪场溯源管理系统利用 RFID 标签的传输数据率高、通信距离长和可靠性高等优点，从源头上对猪肉的生产进行有效的监控。猪场溯源管理系统主要集猪只养殖信息记录和猪场管理两种功能为一体，实现对猪只基本信息、饲料使用情况、兽药使用情况和免疫情况等的真实记录，养殖过程中的重要信息被上传至数据中心，确保了溯源信息的真实性（图2-38）。

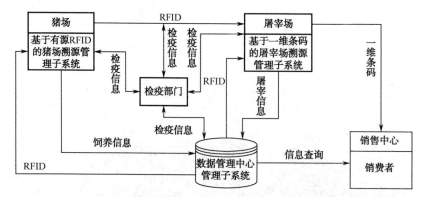

图 2-38　无源 RFID 猪场溯源管理系统结构图

系统实现方案如下所述。

1）养殖环节

在仔猪出生后的一定时间段内，统一由养猪场给每头猪在耳朵上安装电子标签耳标，每个电子标签耳标具有全国唯一的号码，即"生猪号码"，建立起每头猪的"电子身份证"，并将养猪场代码、批次号、圈舍号等标识性信息写入 RFID 耳标内，同时将与每头猪对应的仔猪来源、父亲编号、母亲编号、品种品系、进场日期、出场日期、出场原因等信息统一也写入 RFID 芯片中。随着生猪的不断生长，利用 RFID 阅读器对耳标进行

读/写操作，记录养殖过程中所发生的重要信息，如用料情况、用药情况、防疫情况、健康状况等。同时，把阅读器采集到的数据信息导入猪场 RFID 养殖管理系统，并进行数据分析处理，供给企业管理人员使用。猪场养殖管理系统数据通过网络上传到监控及追溯管理平台。主管部门工作人员可以通过猪肉安全监管与追溯平台实现对养殖环节各项数据进行查询，从而实现实时监管和质量安全追溯。

2）屠宰环节

生猪出栏后进入屠宰加工厂，通过 RFID 阅读器获取生猪的来源及养殖信息，判断其是否符合屠宰要求，只有符合屠宰要求的生猪才能进入屠宰加工生产线。在规模屠宰场的滑轨屠宰线上嵌入 RFID 读/写系统，自动查验并分拣出检疫不合格产品，并记录屠宰生产各个环节的质量信息。生猪进入屠宰生产线后，通过 RFID 阅读器将电子标签耳标内的生猪号码、养猪场号码等标识信息写入屠体标签内，此时"生猪号码"就转换成了"屠体号码"。在屠宰过程中，RFID 阅读器采集重要工序的相关信息，并与计算机相连，把采集到的数据信息导入屠宰加工管理系统（图 2-39）。

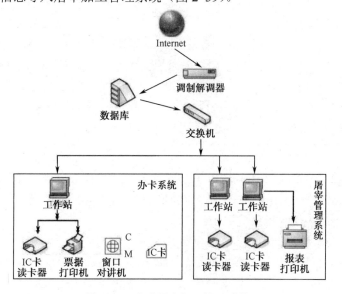

图 2-39　生猪屠宰加工管理系统

3）终端销售

销售者在买到猪肉后，可以根据条码标签上的信息，通过终端查询机、公共信息平台网站、手机短信等方式查询认证所购买猪肉的全过程质量安全信息，真正放心地吃到质量可靠的猪肉（图 2-40）。

4）管理查询

所有养殖、屠宰和销售的数据均上传到管理中心进行存储和处理，生产各类生产统计报表。同时，系统按照不同的权限，给各级管理人员提供查询窗口，领导可以通过登录系统查询各个环节的生产数据，包括每个养殖场（甚至每头猪）的日常喂养、防疫、收购数据和屠宰分割车间的各项工作数据等。

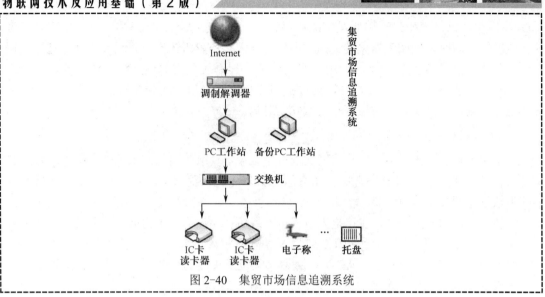

图 2-40　集贸市场信息追溯系统

4）电子标签天线的类型

在一个电子标签中，标签面积主要是由天线面积决定的。在实际应用中，电子标签可以采用不同形式的天线，RFID 电子标签采用的天线主要有线圈型、微带贴片型和偶极子型三种。工作距离小于 1 m 的近距离应用系统的 RFID 天线一般采用工艺简单、成本低的线圈型天线，工作在中、低频段。工作在 1 m 以上远距离的应用系统需要采用微带贴片型或偶极子型 RFID 天线，工作在高频及微波频段。

小知识

线圈型天线：某些应用要求 RFID 的线圈天线外形很小，且需要一定的工作距离，如动物识别。为了增大 RFID 与阅读器之间的天线线圈互感量，通常在天线线圈内部插入铁氧体材料，来补偿线圈横截面小的问题。

微带贴片天线：微带贴片天线是由贴在带有金属底板的介质基片上的辐射贴片导体构成的（图 2-41）。微带贴片天线质量轻，体积小，剖面薄，其馈线方式和极化制式的多样化及馈电网络、有源电路集成一体化等特点成为了印刷天线的主流。微带贴片天线适用于通信方向变化不大的 RFID 应用系统。

偶极子天线：在远距离耦合的 RFID 系统中，最常用的为偶极子天线。信号从偶极子天线中间的两个端点馈入，在偶极子的两臂上产生一定的电流分布，从而在天线周围空间激发起电磁场（图 2-42）。

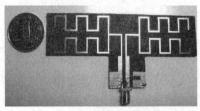

图 2-41　微带贴片天线

图 2-42　偶极子天线

2. RFID 阅读器

阅读器根据具体实现功能的特点有其他的别称。单纯实现读取标签信息的设备称为阅读器、读出装置、扫描器等。单纯实现向标签内存写入信息的设备称为编程器、写入器等。综合具有读取与写入标签内存信息的设备称为读写器、通信器等。阅读器在整个射频识别系统中起着举足轻重的作用。首先，阅读器的频率决定了 RFID 系统的工作频段；其次，阅读器的功率直接影响到 RFID 系统的距离与阅读效果的好坏。

阅读器是整个 RFID 系统中重要的组成部分之一，它是读/写电子标签信息的设备，主要任务是向标签发射读取或写入信号，并接收标签的应答，对标签的标志信息进行解码，将标志信息传输到计算机处理系统以供处理。

具体说来，阅读器具有以下功能。

（1）阅读器与电子标签的通信功能。在规定的技术条件下阅读器可与电子标签进行通信。

（2）阅读器与计算机的通信功能。阅读器可以通过标准接口如 RS-232 等与计算机网络连接，并提供各类信息以实现多个阅读器在系统网络中的运行，如本阅读器的识别码、本阅读器读出电子标签信息的日期和时间、本阅读器读出的电子标签的信息等。

（3）阅读器能在读/写区内查询多个标签，并能正确区分各个标签。

（4）阅读器可以对固定对象和移动对象进行识别。

（5）阅读器能够提示读/写过程中发生的错误，并显示错误的相关信息。

（6）对于有源标签，阅读器能够读出有源标签的电池信息，如电池的总电量、剩余电量等。

1）阅读器的分类

根据天线与阅读器模块是否分离，可以将阅读器分为分离式阅读器和集成式阅读器（图 2-43）。分离式阅读器的天线和阅读器是分离的，通过射频电缆相连接，具有灵活更换天线以适应不同应用场合的功能，同时也方便一个阅读器连接多个天线。集成式阅读器天线和射频模块集成在一起，减小了阅读器的尺寸，降低了成本，安装容易。根据用途，各种阅读器在结构及制造形式上也是千差万别的。大致可以将阅读器划分为以下几类：固定式阅读器、便携式阅读器以及大量特殊结构的阅读器。

扫一扫看阅读器教学课件

（a）集成式阅读器　　　　　　（b）分离式阅读器

图 2-43　集成式阅读器和分离式阅读器

（1）固定式阅读器

固定式阅读器是最常见的一种阅读器（图 2-44）。固定式阅读器是将射频控制器和高频接口封装在一个固定的外壳中构成的。有时，为了减小设备尺寸，降低设备制造成本，便于运输，也可以将天线和射频模块封装在一个外壳单元中，这样就构成了集成式阅读器或者一体化阅读器。

示例：

在物流行业中，应用 RFID 电子标签可高速读取的特点，利用固定式阅读器，实现货物的高速读取、自动化高速分拣（图 2-45）。

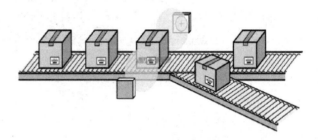

图 2-44　固定式阅读器　　　　　　　图 2-45　RFID 货物分拣管理

（2）便携式阅读器

便携式阅读器是适合于用户手持使用的一类射频电子标签读/写设备，其工作原理与其他形式的阅读器完全一样。便携式阅读器主要用于动物识别，主要作为检查设备、付款往来的设备、服务及测试工作中的辅助设备及用于设备启用式的辅助设备。便携式阅读器一般带有 LCD 显示屏，并且带有键盘面板以便于操作或输入数据，通常可以选用RS-232 接口来实现便携式阅读器与 PC 之间的数据交换（图 2-46）。但是，便携式阅读器可能会对系统本身的数据存储量有一定要求。

便携式阅读器一般由 RFID 阅读器模块、天线和掌上电脑集成，并且采用可充电的电池来进行供电。根据使用环境的不同，便携式阅读器可以具有其他一些特征，如防水、防尘等。

示例：

在出入库管理中，在托盘上贴 RFID 电子标签，利用手持式阅读器将货物信息与仓库库位信息捆绑在一起，货物信息与库位信息关联，便于货品查找、分拣及出入库作业，作业效率大幅提升（图 2-47）。

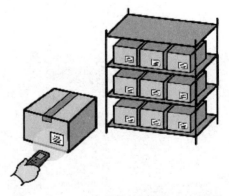

图 2-46　便携式阅读器　　　　　　图 2-47　RFID 电子标签用于出入库管理

案例 2-5　基于 RFID 技术的仓库管理系统

基于 RFID 技术的仓库管理系统设计的目的是实现物品出/入库控制、物品存放位置及数量统计、信息查询过程的自动化，方便管理人员进行统计、查询和掌握物资流动情况，达到方便、快捷、安全、高效等要求（图 2-48）。

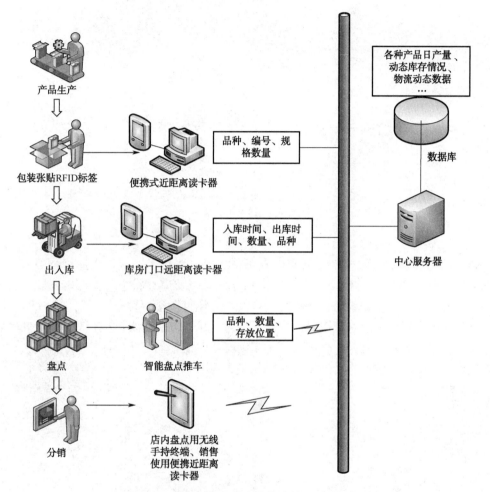

图 2-48　基于 RFID 技术的仓库管理系统结构

系统实施如下。

（1）入库

在成品包装车间，工人先将 RFID 电子标签贴在产品上，成批装箱后贴上箱标，需打托盘的也可在打完托盘后贴上托盘标。

包装好的产品由装卸工具经由 RFID 阅读器与天线组成的通道进行入库，RFID 设备自动获取入库数量并记录于系统，贴有托盘标的，每托盘货物信息通过进货口阅读器写入托盘标，同时形成订单数据关联，然后通过计算机仓储管理信息系统运算出库位（或人工在一开始对该批入库指定库位），如图 2-49 所示。

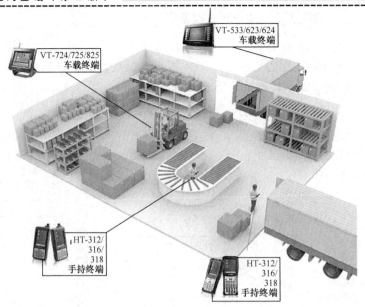

图 2-49　出入库

（2）出库

物流部门的发货人根据销售要求的发货单生成出库单，即根据出库优先级（如生产日期靠前的优先出库）向仓库查询出库货物存储仓位及库存状态，如有客户指定批号则按指定批号查询，并生成出库货物提货仓位及相应托盘所属货物。

领货人携出库单至仓库管理员，仓管员核对信息安排叉车司机执行对应产品出库。

叉车提货经过出口闸，出口闸 RFID 阅读器读取托盘上的托盘标获取出库信息，并核实出货产品与出库单中列出产品批号与库位是否正确。

出库完毕后，仓储终端提示出库详细供管理员确认，并自动更新资料到数据库（图 2-50）。

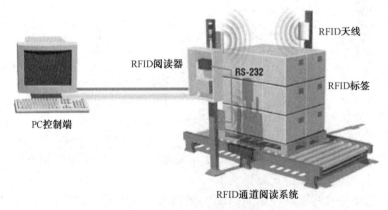

图 2-50　批量识别

（3）盘点

仓管人员使用智能盘点车，在每个货架或者是托盘边推过，盘点车能够读取出货架或者托盘上的货物的数量种类，并进行累加，盘点完成后生成盘点报表，并提供系统内的数据信息与仓库实际存货的数量对比，以供仓管人员参考，同时可根据需要修正系统内的数据信息，保证货账一致。

2）阅读器天线

射频识别系统的阅读器必须通过天线来发射能量，形成电磁场，通过电磁场来对电子标签进行识别。因此，可以说，天线所形成的电磁场范围就是射频识别系统的可读区域。任何一个射频识别系统至少应该包含一根天线以便发射和接收射频信号。射频识别系统中所采用的天线的形状和数量要根据具体应用的不同来确定。

天线是一种能够将接收到的电磁波转换为电流信号，或者将电流信号转换为电磁波的装置。天线具有多种不同的形式和结构，如偶极天线、双偶极天线、阵列天线、八木天线、平板天线、螺旋天线和环形天线等。天线根据其工作频率不同结构也有所区别，其中环形天线主要用于低频和中频的射频识别系统，用来完成能量和数据的电磁耦合。在 433 MHz、915 MHz 和 2.45 GHz 的射频识别系统中，主要采用八木天线、平板天线和阵列天线等（图 2-51）。

扫一扫看阅读器天线教学课件

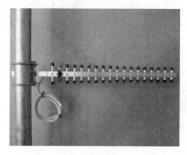
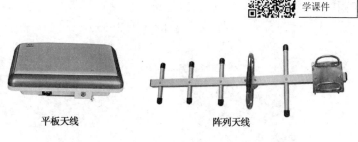

八木天线　　　　平板天线　　　　阵列天线

图 2-51　阅读器天线

在目前的超高频与微波系统中，广泛使用平面型天线，包括全向平板天线、水平平板天线和垂直平板天线等。

所谓平面天线是一种基于带状线技术的天线，这种天线的特点是天线高度较低，并且结构坚固，具有增益高、扇形区方向图好、后瓣小、垂直面方向图俯角控制方便、密封性能可靠以及使用寿命长等优点，所以被广泛地应用在射频识别系统中。平面天线能够使用光刻技术制造出来，所以具有很高的复制性。

3）阅读器优化

RFID 大规模系统应用逐渐普及，而单个 RFID 阅读器只有有限的读/写范围，为了能够覆盖大面积的区域，阅读器必须以一种密集形式进行部署。在这种情况下，必须有效利用每个阅读器的覆盖区域，合理规划每个阅读器的位置，适当配置阅读器的参数。优化的阅读器配置不仅能够节约设备成本，还能够减少阅读器射频信号重叠覆盖造成的阅读器冲突和标签冲突等问题，提高系统的整体性能。

阅读器的输出功率可通过厂商提供的设置软件工具进行设置。同一环境下，输出功率越大，阅读器的作用范围也越大，但并非通信效能就强（图 2-52）。一般在满足系统运行所需的通信效能的前提下，尽量选小功率输出。

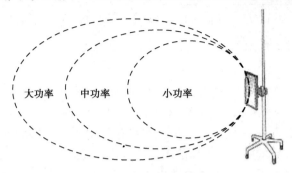

图 2-52　阅读器优化

2.2.2　射频识别工作原理

 扫一扫看射频识别工作原理教学课件　　 扫一扫看射频识别工作原理微课视频

1. 射频识别系统的基本工作流程

在实际应用中，电子标签附着在待识别物体的表面，其中保存有约定格式的电子数据。阅读器通过天线发送出一定频率的射频信号，当标签进入该磁场时产生感应电流，同时利用此能量发送出自身编码等信息，阅读器读取信息并解码后传送至主机并进行相关处理，从而达到自动识别物体的目的（图 2-53）。

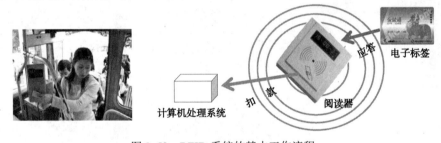

图 2-53　RFID 系统的基本工作流程

RFID 利用无线射频方式，在阅读器与电子标签之间进行非接触双向传输，以完成目标识别和数据交换的目的。RFID 系统的基本工作流程如下：

（1）阅读器将无线载波信号经发射天线向外发射。

（2）射频标签进入阅读器发射天线工作区时被激活，并将自身信息代码由天线发射出去。

（3）阅读器接收天线收到电子标签发出的载波信号，传给阅读器，阅读器对信号进行解码，送后台管理系统进行相关处理。

（4）后台控制系统针对不同的设定做出相应的处理和控制，发出指令信号控制执行机构的动作。

（5）执行机构按指令动作。

2. 信号耦合类型及数据传输原理

从 RFID 阅读器和电子标签之间的通信及能量感应方式来看，信号耦合大致上可以分成感应耦合及反向散射耦合两种。一般低频的 RFID 大多采用第一种式，而较高频的大多采用第二种方式。

（1）电感耦合：依据的是电磁感应定律，通过空间高频交变磁场实现耦合，一般适合于中、低频工作的近距离射频识别系统。典型的工作频率有 125 kHz、225 kHz、13.56 MHz，识别作用距离小于 1 m，典型作用距离为 10～20 cm。第二代身份证就工作在此模式下，如图 2-54 所示。

（2）电磁反向散射耦合：雷达原理模型，发射出去的电磁波，碰到目标后反射，同时携带回目标信息，依据的是电磁波的空间传播规律（图 2-55）。

电磁反向散射耦合方式一般适合于高频、微波工作的远距离射频识别系统。典型的工作频率有 433 MHz、915 MHz、2.45 GHz、5.8 GHz，识别作用距离大于 1 m，典型作用距离为 3～10 m。

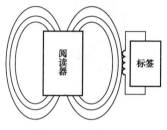

图 2-54　电感耦合

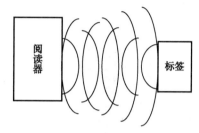

图 2-55　反向散射耦合

射频识别系统中，阅读器和电子标签之间的通信通过电磁波来实现，按照通信距离，可以划分为近场和远场。相应地，阅读器和电子标签之间的数据交换方式也被划分为负载调制和反向散射调制。

1）负载调制

近距离低频射频识别系统阅读器和电子标签之间的天线能量交换方式类似于变压器模型，称为负载调制。负载调制实际是通过改变电子标签天线上的负载电阻的接通和断开，来使阅读器天线上的电压发生变化，实现用近距离电子标签对天线电压进行振幅调制（图 2-56）。如果通过数据来控制负载电压的接通和断开，那么这些数据就能够从电子标签传输到阅读器了。这种调制方式在 125 kHz 和 13.56 MHz 射频识别系统中得到了广泛应用。

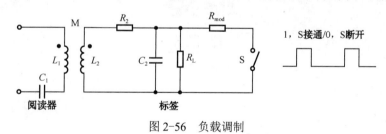

图 2-56　负载调制

S 的通断改变了线圈两端电压的变化，这种变化被传递给阅读器。

2）反向散射调制

在典型的远场，如 915 MHz 和 2.45 GHz 的射频识别系统中，阅读器和电子标签之间的距离有几米，而载波波长仅有几到几十厘米。阅读器和电子标签之间的能量传递方式为反向散射调制。

反向散射调制是指无源射频识别系统中电子标签将数据发送回阅读器时所采用的通信方式。电子标签返回数据的方式是控制天线的阻抗，实际采用的几种阻抗开关有变容二极管、逻辑门、高速开关等。

案例 2-6 RFID 在集装箱电子关锁中的应用

在集装箱或厢式货车等物流运输工具的箱门上安装电子关锁。当安装有电子关锁的运输车辆通过海关监管的集装箱通道时，系统通过 RFID 技术可精确定位电子关锁位置，然后通过无线信号控制电子锁锁定或电子锁开启，保障货物在途安全的一种监控系统，并且可通过精确定位确保电子关锁和其安装的集装箱自动形成一一对应关系（图 2-57）。

第一代　　　　　　　第二代　　　　　　　第三代

图 2-57　电子关锁

电子关锁系统由电子关锁、自动检测装置、车载 GPS、固定关锁阅读器等设备及软件组成（图 2-58）。

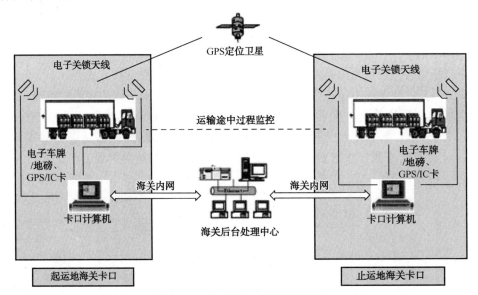

图 2-58　电子关锁系统组成框图

安装在集装箱门或者厢式货车门上的电子关锁与车载 GPS、固定关锁阅读器之间采用短程无线通信技术（DSRC）进行数据交换，电子关锁的识别通过无线射频识别技术（RFID）实现，运输车辆在途的定位通过车载 GPS 定位技术实现，电子关锁在出现强行开启报警信号时会及时通过无线通信模块和车载 GPS 通信，GPS 车载台向监控中心进行实时报警（图 2-59）。

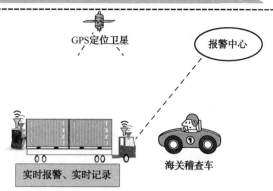

图 2-59　途中监管工作

在集装箱车辆或厢式货车通过海关检查卡口出发时，固定阅读器自动地采集电子关锁的 ID 号，并发送带密钥的数据对电子关锁进行电子锁定，同时将关锁状态信息、密钥信息、车辆信息以及集装箱等信息发送到后台服务器，提供给目的地卡口系统使用。

在集装箱车辆或厢式货车到达海关目的地检查卡口时，固定阅读器自动地采集电子关锁的 ID 号，并发送带解封密钥的数据对电子关锁进行电子开启，同时将关锁状态信息及其他绑定信息发送到后台服务器，进行处理、比对和查证，最后系统发送可以自动放行或需要查验信息，结束整个运输路程中的监管。

在运输途中电子关锁被强行开启时，电子关锁检测机构一旦检测到有开启动作，会立即发送相应的信号给电子关锁，电子关锁判断是哪种报警类型后将关锁 ID 和报警类型通过无线数据交互方式发送给车载 GPS，车载 GPS 启动报警操作过程，将此时的位置信息和时间信息以及关锁报警信息通过 GPRS 模块发送给报警中心，中心接警后即可迅速派人到相应地点进行实时处理（图 2-60）。

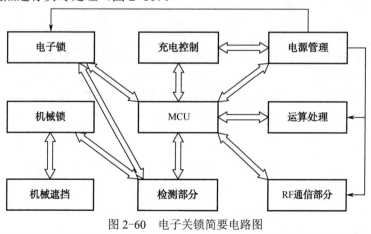

图 2-60　电子关锁简要电路图

案例 2-7　煤矿井下人员定位系统

煤矿人员管理系统采用 RFID 技术，能够及时、准确地将各个区域人员的动态情况反映到地面计算机系统，使管理人员能够随时掌握干部跟班工作情况、人员的分布状况和

每个员工出入特点区域的时间及运动轨迹，以便进行更加合理的调度管理。当事故发生时，救援人员也可根据人员定位系统所提供的数据、图形，迅速了解有关人员的位置情况，及时采取相应的救援措施（包括紧急全呼，要求所有人员全部迅速撤离），提高应急救援工作的效率。

1）系统组成

本系统主要由监控计算机、地面声光报警器、系统软件、环网接入装置（可选）、信息传输分站（可选）、读卡分站（无线标识传感器）、人员标识卡、避雷器和传输线路、交换机、光端机（可选）等组成（图 2-61）。

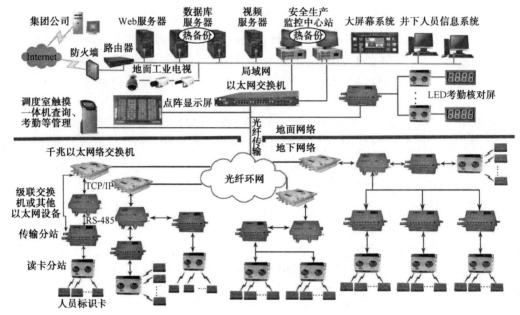

图 2-61 系统组成

人员信息采集处理中心也称监控中心站，由人员考勤管理软件和监控主机、打印机、监视器等组成。部分以信息传输分站、读卡分站（无线标识传感器）、人员标识卡等作为人员编码信息无线检测处理的基本单元。在监测点周围区域可采用矿用本安电源+人员信息传输分站+读卡分站的连接方式，组网方便灵活。

2）工作原理

KJ313-F 型读卡分站（无线标识传感器）通过集成在电路板上的发射天线随时发射加密数据载波信号；人员随身携带的 KJ313-K 型人员标识卡进入 KJ313-F 型读卡分站（无线标识传感器）工作区域被激活后（未进入发射天线工作区域标识卡处于休眠状态不工作），经 KJ313-K 型人员标识卡集成的防冲突算法将人员信息发送给 KJ313-F 型读卡分站（无线标识传感器）。

（1）人员定位传输分站及电源箱（图 2-62）。

● 输入电压：127/220/380/660 V AC；

● 与读卡分站之间的传输速率：9 600 b/s；

图 2-62　电源箱

- 与地面中心站之间的传输速率：9 600 b/s；
- 传输分站可挂接的读卡分站的数量：不超过 8 个；
- 传输距离：与读卡分站之间 2 km 范围内可调（MHYVRP 电缆）；
- 与 1 000 M 光纤骨干网交换机的距离：15 km；
- 电源类型：矿用隔爆兼本安不间断电源，在满负载的情况下，供电时间不少于 2 h。

（2）KJ313-K 型人员标识卡（图 2-63）。

图 2-63　KJ313-K 型人员标识卡

- 工作电压：3.3～3.6 V；
- 工作频率：（2.40±0.08）GHz；
- 最大无线传输距离：80 m；
- 防护等级：IP54（防水、防潮、防煤尘）；
- 电池电压/容量：3.6 V/1500 mA·h 锂电池（单向卡），3.0 V/1000 mA·h 锂电池（双向卡）；
- 最高开路电压：3.7 V DC；
- 最大工作电流：不超过 75 mA。

（3）KJ313-F 型　读卡分站（图 2-64）。

- 工作电压：18 V，工作电流：不超过 90 mA；
- 与信息传输分站之间的通信方式：RS-485；
- 传输速率：9 600 b/s；
- 到接口的最大传输距离：15 km（MHYVRP 电缆）；
- 与标识卡之间工作频率：（2.40±0.08）GHz；
- 与标识卡之间最大无线传输距离：2～80 m。

（4）KJ213-J 型数据传输接口。

- 工作电压：220 V AC；工作电流：不超过 300 mA
- 接口与传输分站通信方式：异步、基带、主从、RS-485；
- 接口与地面计算机通信方式：RS-232；

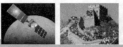

● 传输速率：9 600 b/s；

● 与计算机之间最大传输距离：10 m；

● 与传输分站之间最大传输距离：15 km；

● 接口与地面计算机通信：RS-232，通信信号最高开路电压峰值小于 30 V；

● 与传输分站之间通信信号电压峰值：不超过 6 V DC；

● 与传输分站之间通信信号电流幅值：不超过 120 mA。

（5）智能检测卡器（图 2-65）。

图 2-64　KJ313-F 型读卡分站　　　　　图 2-65　智能检测卡器

● CPU：Xscale270 处理器，工作主频 520 MHz；

● 内存：64 MB/128 MB Flash；64 MB/128 MB SDRAM；

● 屏幕参数：26 万色，耐低温液晶显示屏，3.5 in 触摸屏；

● 体积：105 mm×175 mm×35 mm；

● 音频：录放音，支持立体声耳机；

● 数据接口：USB1.1（标配），红外接口（选配）；

● 扩展接口：支持 MMC/SD 卡；

● 待机时间：200 h。

3）系统主要功能

（1）动态目标的实时定位跟踪查询

采用 GIS 系统，能实时跟踪回访人员、机车、设备等的移动信息；能查询人员和机车的动态分布情况和数量；能查询任一人员和机车的当前位置和指定时间所处的位置；能查询任一指定位置的人员和机车等移动目标的情况；能对任一人员和机车进行实时跟踪显示。

（2）考勤功能

可以自动统计上班人员的考勤时间，有效防止迟到早退现象；可以实时反映人员的流动路线、地点，对瓦检员、安检员等安全生产岗位人员进行有效监督（如瓦检员是否按时到点进行实地查看或进行各项数据的检测和处理），能有效提高安全生产防范能力，从根本上杜绝因人为因素造成的相关事故，有效减少"三违"，促进安全生产（图 2-66）。

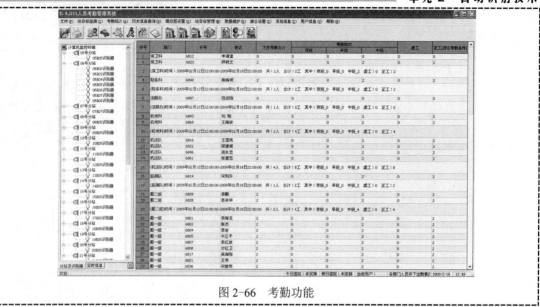

图 2-66 考勤功能

思考与问答 2-2

（1）简述射频识别系统的构成及工作原理。

（2）简述 RFID 技术常见的分类方式有哪几种，分别用于哪些领域。

训练任务 2-2 调研 RFID 系统的实际应用

扫一扫看 RFID
系统应用教学
课件

1. 任务目的

（1）能够描述射频识别的系统组成。

（2）能够描述射频识别技术的应用。

2. 任务要求

进行基于 RFID 的应用系统的校内外现场调研，获取 RFID 系统的相关信息。

（1）写出 RFID 应用系统调研的详细计划。

（2）调研 RFID 应用系统，写出调研报告，包括系统总体建设和系统组成、各部分设备及功能。

3. 任务评价

序　号	项 目 要 求	得　分
1	所选主题内容与要求一致（15）	
2	RFID 系统功能描述清晰，图文并茂（35）	
3	充分利用软件展示清晰（25）	
4	调研报告有自己的心得（25）	

内容小结

　　本单元介绍了自动识别技术及射频识别技术，重点介绍了 RFID 技术的基本工作原理、基本组成等，通过本单元的学习可以使读者对 RFID 有一个基本的理解，同时了解它与物联网之间的关系。

单元 3

物联网定位技术

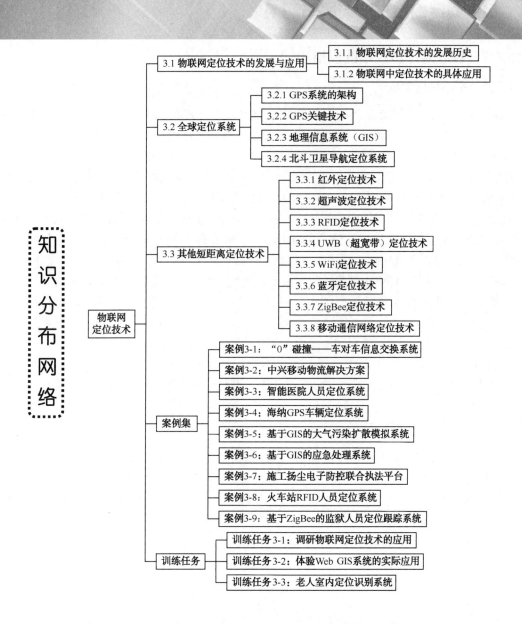

知识分布网络

物联网定位技术

- 3.1 物联网定位技术的发展与应用
  - 3.1.1 物联网定位技术的发展历史
  - 3.1.2 物联网中定位技术的具体应用
- 3.2 全球定位系统
  - 3.2.1 GPS系统的架构
  - 3.2.2 GPS关键技术
  - 3.2.3 地理信息系统（GIS）
  - 3.2.4 北斗卫星导航定位系统
- 3.3 其他短距离定位技术
  - 3.3.1 红外定位技术
  - 3.3.2 超声波定位技术
  - 3.3.3 RFID定位技术
  - 3.3.4 UWB（超宽带）定位技术
  - 3.3.5 WiFi定位技术
  - 3.3.6 蓝牙定位技术
  - 3.3.7 ZigBee定位技术
  - 3.3.8 移动通信网络定位技术
- 案例集
  - 案例3-1："0"碰撞——车对车信息交换系统
  - 案例3-2：中兴移动物流解决方案
  - 案例3-3：智能医院人员定位系统
  - 案例3-4：海纳GPS车辆定位系统
  - 案例3-5：基于GIS的大气污染扩散模拟系统
  - 案例3-6：基于GIS的应急处理系统
  - 案例3-7：施工扬尘电子防控联合执法平台
  - 案例3-8：火车站RFID人员定位系统
  - 案例3-9：基于ZigBee的监狱人员定位跟踪系统
- 训练任务
  - 训练任务3-1：调研物联网定位技术的应用
  - 训练任务3-2：体验Web GIS系统的实际应用
  - 训练任务3-3：老人室内定位识别系统

物联网通用体系架构将物联网分成感知层、网络层、应用层。在未来复杂的异构网络环境下，对"物"进行精准的定位、跟踪和操控，可以实现全面灵活、可靠的人-物通信、物-物通信。物联网感知层主要实现对物理世界信息的采集，其中一项重要信息就是位置信息，该信息是很多应用甚至是物联网底层通信的基础。位置信息并不仅仅是单纯的物理空间的坐标，通常还关联到该位置的对象及处在该位置的时间。要实现任何时间、任何地点、任何物体之间的连接这一物联网发展目标，位置信息不可或缺，如何利用定位技术更精准、更全面地获取位置信息，成为物联网时代一个重要的研究课题。

示例：

在部署森林里用来检测火灾的传感器网络时，一旦有火灾发生，需要立刻知道火灾的具体位置以便迅速将其扑灭。这就要求传感器节点知道自己的位置并在检测到火灾时将自己的位置信息报告给服务器。

3.1 物联网定位技术的发展与应用

3.1.1 物联网定位技术的发展历史

1. 罗兰远程导航系统

任何情况下，位置信息总是人们关注的信息之一。早期的航海活动主要通过沿着海岸线的灯塔来实现对船只的导航，这些定位技术的精确度非常差，并且覆盖范围很小，自从无线电技术出现以后，利用这种技术可以进行更大范围、更加精确的定位。

最早的基于无线电的定位系统是罗兰远程导航系统，用于舰船、飞机及陆地车辆的导航定位。最初的罗兰远程导航系统称为 LORAN-A，也叫标准罗兰，经过多次的技术改进，其中最成功的是在第二次世界大战末期研制的 LORAN-C。1945—1974 年，罗兰仅由美、苏两个大国掌握，苏联建立了类似于罗兰 C 的恰卡（Chayka）导航系统，后来加拿大加入美国的罗兰 C 应用体系。20 世纪 80 年代中期，国际航空界正式启用罗兰 C，随后欧盟建立了多个罗兰 C 台链，日本、韩国、中国、印度也都相继建了台链。到目前为止，全世界共建成了 30 多个罗兰 C 台链。该系统的主要特点是覆盖范围大，岸台采用固态大功率发射机，峰值发射功率可达 2 MW，因此其抗干扰能力强，可靠性高。我国建有 3 个罗兰 C 导航台链，是一种为我国完全掌握的无线电导航资源，可覆盖我国沿海的大部分地区，在战时具有重要意义。

虽然 GPS 的问世对罗兰 C 的应用有较大影响，但罗兰 C 具有它的独到之处，不可能完全被 GPS 所取代；若把罗兰 C 与 GPS 组合使用，则将在覆盖范围、实用性、完善性等方面得到改善。

> **小知识**
>
> 罗兰 C 系统由设在地面的 1 个主台与 2~3 个副台合成的台链和飞机上的接收设备组成。测定主、副台发射的两个脉冲信号的时间差和两个脉冲信号中载频的相位差，即可获得飞机到主、副台的距离差，距离差保持不变的航迹是一条双曲线；再测定飞机对主台和另一副台的距离差，可得另一条双曲线。根据两条双曲线的交点可以定出飞机的位置（图 3-1）。这一位置由显示装置以数据形式显示出来。

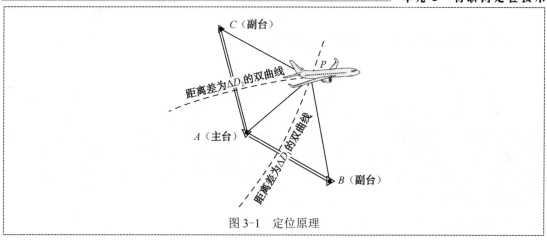

图 3-1 定位原理

2. 卫星导航定位系统

随着人造卫星技术的发展，人们开始利用人造卫星技术来构建更精确、覆盖范围更大的定位/导航系统。目前的卫星导航定位系统主要有美国的全球定位系统（GPS）、俄罗斯的全球导航卫星系统（GLONASS）、欧洲的伽利略系统和中国的北斗系统，形成全球性导航卫星系统的集合（GNSS）。美国的 GPS 系统是现在最成熟的全球定位系统。该系统由美国历时 16 年、耗资 130 亿美元建成，由军方控制并资助，共 24 颗卫星组网。目前，全球众多国家都在使用这个系统对地面的汽车、海上的船只和天空的飞行器及卫星、导弹进行全天候和实时的准确定位。由俄罗斯自行开发的 GLONASS 系统，1995 年完成 24 颗中高度圆轨道卫星加 1 颗备用卫星组网，由俄罗斯国防部控制。该卫星系统组建完毕后将满足全球各类用户的需要，其确定地面目标坐标的准确度可达到 1 m。

3. 其他定位技术

近年来，随着蜂窝移动系统的普及，定位技术开始用于蜂窝系统设计、切换、服务区确定、交通监控等方面。现有的蜂窝移动通信网中的无线定位系统按移动通信结构分为基于移动通信网络的无线定位、基于移动台的无线定位、混合定位等。近年来，随着移动用户的快速增加，对位置服务的需求也大大增加，在蜂窝系统中，基于位置的服务有很多种类，如公共安全、基于位置的计费服务、跟踪服务、增强呼叫的路由选择服务等。当前的蜂窝无线定位系统中，为了避免对移动终端增加额外开销，采用的多是基于网络的定位方案，由多个基站同时接收检测移动台发出的信号，根据测量到的参数由网络对移动台进行定位估计。移动终端往往是普通手机，这就需要对基站安装监测设备，测量移动台发出的信号参数，再通过适当的算法估计出移动台的大致位置。

在很多情况下，人们需要进行室内定位就可以采用 RFID 标签进行定位。利用 RFID 标签的定位系统分为定位标签和定位读写器两种。

示例：

老师带领学生参观博物馆时，为了让每个孩子在博物馆中可以按照自己的兴趣爱好自由地进行参观，可以为每个孩子佩戴一个实时追踪位置的 RFID 标签，老师可以通过相应的定位系统随时监测每个孩子的位置以防发生事故，而不必限制孩子必须服从指定的参观路线。

扫一扫看
GPS 应用
教学课件

3.1.2　物联网中定位技术的具体应用

工信部在《物联网"十二五"发展规划》中提出要在智能工业、农业、物流、交通、电网、环保、安防、医疗、家居九大重点领域开展应用示范工程，探索应用模式。定位技术作为物联网的一项重要感知技术，借助其获取物体的即时位置信息，可以衍生一系列基于位置信息的物联网应用。特别是在交通、物流领域，物体的位置实时变化，采集到的其他信息通常必须与位置信息关联才有价值，因此，定位技术在智能交通、物流领域得到了广泛的应用和发展。而在医疗领域，要实现对众多流动医疗资源和病患的实时跟踪和管理，同样依赖于定位技术。

1. 智能交通中的定位技术

智能交通在现有交通基础设施和服务设施基础之上借助物联网的信息采集、传输和处理能力，实现汽车与汽车之间、汽车与交通设施之间的通信，为交通参与者提供多样的智能服务。可以说，物联网是智能交通正常运行的基础设施，智能交通是物联网产业化发展的一个重要应用领域。

在智能交通方面，很多服务都依赖于对车辆实时位置信息的采集。目前主要采用 GPS 技术进行车辆的实时定位、跟踪，从而为驾驶人员提供出行路线的规划、导航及行车安全管理等。车载导航系统走过了第一代自助式导航和第二代多媒体导航，已经步入以无线通信和互联网技术为特征的第三代导航。第三代导航系统可以利用实时路况信息，为用户进行出行规划，实现"疏堵式"导航，避免拥堵路段，同时实现远程防盗、故障诊断、求助救援等功能。

案例 3-1　"0"碰撞——车对车信息交换系统

2009 年 9 月 24 日，通用汽车公司在上海展示了新一代的车对车信息交换技术系统（V2V Communications）。V2V 系统主要利用无线通信原理和 GPS 全球卫星定位技术，简单来说，就是通过无线技术和 GPS 全球定位技术的有机结合，让搭载了该系统的车辆在一定的范围内有相互"沟通"的能力，从而避免一些不必要事故的发生。

通过安装在汽车中的 V2V 信息收发器，每一辆通用公司生产的汽车都可以迅速定位自身车辆，并且实时地监测到道路上其他车辆及设施，与此同时，系统将监测到的信息通过画面和语音传达给驾驶员，让驾驶员能够及时发现潜在的行车安全问题（图 3-2）。

图 3-2　情景示意

它能够全方位监测行车过程中的道路情况，例如，监测前方的十余辆车，或者道路上的一个细微角落。V2V 信息交换技术设备可以轻松地装置于任何汽车的仪表盘上。此外，行人和自行车使用者也能随身携带这种系统设备，有效保障行人安全。

2. 智能物流中的定位技术

智能物流是将物联网技术应用于传统物流行业，通过各种传感技术获取货物存储、运输环节的各种属性信息，再通过通信手段传递到数据处理中心，对数据进行集中统计、分析和处理，为物流的管理和经营提供决策支持，提高物流效率，压缩物流成本，实现物流的自动化、信息化、网络化。在智能物流整个过程采集到的数据中，都包含着货物的位置信息，定位技术在智能物流的各项应用中都有着至关重要的作用。在现阶段，定位技术主要用于货物的仓储管理、物流车辆监管及配送过程的货物跟踪。物流公司在货物的包装或者集装箱上安装传感装置存储货物信息，货物在每一次出入仓、装卸或者经过运输线检查点时都会进行信息采集，以便实时监控货物的位置，防止物品遗失、误送等情况的发生。整个过程不只物流公司，相关客户也可以通过网络随时了解货物所处的位置。货物配送过程中采用定位技术追踪货物状态，能够有效缩短作业时间，提高运营效率，最终降低物流成本。目前，在物流过程中，货物定位的信息载体主要有 RFID 和条形码两种，由于 RFID 标签成本较高，导致市场占有率还比较低；而条形码识读成功率低，识读距离较近，并且必须逐一扫描，在某种程度上影响了物流速度。

案例 3-2　中兴移动物流解决方案

在当今物流业迅速发展的同时，各个物流企业也面临激烈的竞争，车货安全、运期延误、空载率高等都是物流企业最为头疼的问题。在这种背景下，基于 GPS 的物流管理信息系统正在悄然兴起。ZTE-SGPS 物流管理信息系统是中兴软件技术自主开发的 GPS 行业应用之一，包括终端子系统、通信子系统、数据处理中心、监控中心、调度中心和运营管理系统（图 3-3）等。

（1）终端子系统：根据企业需求，包括车载固定台、便携 GPS 终端和 GPS 智能手机。

（2）通信子系统：可选择 GPRS、EDGE、CDMA 或者 3G（TD-SCDMA、EV-DO、WCDMA）等多种通信方式。

（3）物流后台系统：收集终端通过通信子系统传送的位置信息及其他状态信息，进行处理后传送给相应的监控管理中心，实现物流业务的运营管理、物流信息服务、条码应用、移动办公管理、移动支付、统计分析等功能，提供接口给物流企业现有信息系统或未来需扩展的功能。

（4）信息系统、运营商相关系统、CP 等。

（5）监控中心：将物流车辆位置显示于 GIS 系统地图上，在网络带宽支持的情况下，还可实现现场视频监控，并可实现车辆、外勤人员的调度管理和控制。

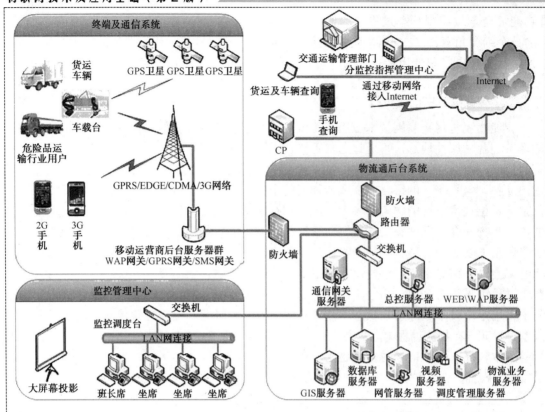

图3-3　系统结构

（6）物流信息服务：手机用户通过短信、WAP、人工热线服务、终端软件等方式实现物流信息的发布和查询、行业相关的城市导航、高速路况、汽车救援、物流专线、营运车辆及驾驶员认证等信息查询。为方便物流行业人员使用，查询结果最终可通过短信下发至用户终端。

（7）业务运营管理：实现对移动物流业务的运营管理和日常维护，包括物流手机用户管理、业务管理、合作管理、营销管理、计费管理、用户权限管理等。

（8）定位监控管理：实现物流车辆、人员的实时 GPS 定位、基站定位、轨迹记录回放等功能，并为其他子系统提供定位信息，为管理人员提供快捷便利的信息化管理工具，提高物流管理的效率。实现对物流货物的跟踪、收货、发货管理，方便货主及时通过手机或物流网站查询货物的即时信息，提高物流企业管理货物的效率和准确性。

3. 智能医疗中的定位技术

智能医疗是通过传感器等信息识别技术获取位置信息、患者体征信息等，通过无线网络的传输，实现患者与医务人员、医疗机构、医疗设备之间的互动，提高医疗机构的信息化程度，使有限的医疗资源能够为更多的人所共享。紧急医疗救援是移动定位技术最早衍生出的应用服务。随着科学技术的发展，目前在智能医疗方面，定位技术主要用于救护车的定位跟踪调度、医院内人员和器械的定位。在医院内部署基于短距离无线定位技术的室内实时定位系统（Real Time Location System，RTLS），对医护人员、医疗设备进行实时定位，在使用的时候能够迅速定位和调用，提高工作效率，同时还可对病患进行跟踪看护并提供紧急呼救定位，以便在医院室内实现迅速定位，防止传染病扩散和意外事故的发生。目前，美国 Ekahau 公司基于 WiFi 的 RTLS 已经应用于包括北京地坛医院在内的全球 150 多家医院。

案例 3-3 智能医院人员定位系统

苏州易寻传感网络科技有限公司近期推出了基于有源 RFID 技术的"智能定位管理系统"，建立对患者的实时位置的管控，避免出现无法对患者的位置进行管理，无法掌握患者实时信息的情况，以及当患者有突发病情而又不在病房时，无法及时通知相应的主治医师，从而造成医疗服务迟延的情况。

系统由腕带式电子标签卡、室内基站、室外基站组成，在医院内包括室内、室外架设基站，给每一位患者发放一个可以代表自己唯一身份的腕带式标签卡，系统将采集到的大量数据进行分析，即可实现对患者位置信息的实时掌握（图 3-4）。

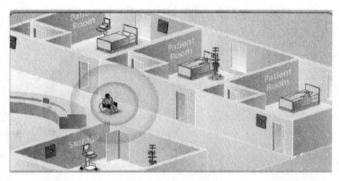

图 3-4 定位示意

系统可以对患者实现实时的、主动的、全程的定位、跟踪。管理者可以通过系统查询患者某一时段的位置轨迹，了解其在医院的动态状况，也可在系统中设立区域管理，未经允许的患者离开指定区域时，系统会发出提示信息，并记录患者行走的路线（图 3-5）。

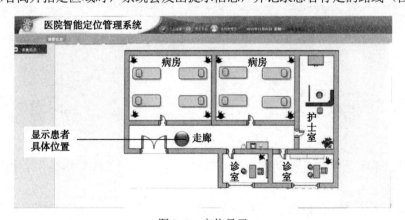

图 3-5 定位显示

当患者有突发病情而医护人员不在身边时，可以通过腕带标签卡上的求救按钮向系统发送求救信息，系统将自动显示患者的实时位置及相关信息，并提醒相关医生进行处理。

3.2 全球定位系统

全球定位系统（GPS）是美国从 20 世纪 70 年代开始研制，历时 20 年，耗资 200 亿美元，于 1994 年全面建成，具有在海、陆、空进行全方位实时三维导航与定位能力的新一代卫星导航与定位系统。从近十年我国测绘等部门的使用情况表明，GPS 以全天候、高精度、自动化、高效益等显著特点，赢得了广大测绘工作者的信赖，并成功地应用于大地测量、工程测量、航空摄影测量、运载工具导航和管制、地壳运动监测、工程变形监测、资源勘察、地球动力学等多种学科。

随着 GPS 的不断改进，软硬件不断完善，其应用领域正在不断开拓，目前已遍及国民经济的各种部门，并开始逐步深入人们的日常生活。

案例 3-4   海纳 GPS 车辆定位系统

岳阳海纳电子与岳阳移动合作建设了 GPS 车辆定位系统。车载终端设备是 GPS 车辆监控管理系统的前端设备，安装在被监控的车辆上。车载终端还可以隐秘地安装在各种车辆内，同时与车辆本身的油路、电路、门磁及车上的防盗器相连，可对车辆进行全方位的掌控。

技术人员只要轻点鼠标，一辆正行驶在道路上的车辆的位置、速度、方向等相关信息立即可在电子地图上清晰而直观地显示出来，控制中心还可与驾驶员进行语音通话指挥调度车辆运行，车辆的运行情况和行驶路线将随时被掌握（图 3-6、图 3-7）。

图 3-6   网上查车页面

车辆定位系统采用的是移动通信的点对点短信方式、专线与短信中心相连方式，具有以下功能。

（1）反劫防盗功能：机动车在发生紧急情况时，系统可手工启动或自动激活报警装置。同时还可以采取系统进行监听、遥控熄火、锁车门等功能。

（2）调度管理功能：监控指挥中心可以主动了解机动车的地理位置及其他具体信息，因此调度人员可根据机动车驾驶员的要求进行引路。

（3）车载电话功能：由于系统融合了 GSM 技术，所以安装该系统的机动车如配备车载 GSM 数字电话，则还能进行通话。

（4）信息查询功能：用户可通过电话或浏览 Internet 的方式查询监控中心记录和保存的车辆动态信息。

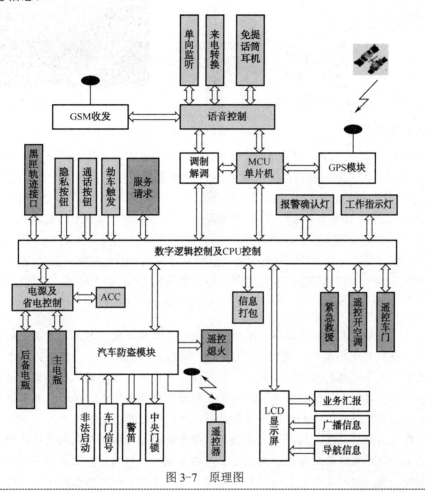

图 3-7　原理图

3.2.1　GPS 系统的架构

扫一扫看全球定位技术系统架构教学课件

GPS 是美国第二代卫星导航系统，是在子午仪卫星导航系统的基础上发展起来的，它采纳了子午仪系统的成功经验。和子午仪系统一样，GPS 由空间部分、地面监控部分和用户设备部分组成（图 3-8）。

扫一扫看 GPS 系统的架构微课视频

1. 空间部分

GPS 的空间部分由 24 颗卫星组成（其中 21 颗工作卫星，3 颗备用卫星），工作卫星位于距地表 20 200 km 的上空，均匀分布在 6 个轨道面内（每个轨道面 4 颗）。各轨道平面相对地球赤道的倾角均为 55°。各轨道平面彼此相距 60°（图 3-9）。卫星的分布使得在全球任何地方、任何时间都可观测到 4 颗以上的卫星，每颗卫星带有 4 个原子钟，大约每 11 h 58 min 绕行地球一周。

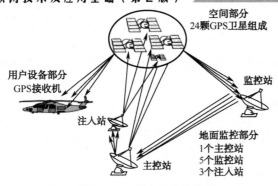

图 3-8　全球定位系统组成

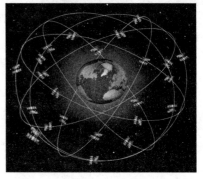

图 3-9　GPS 卫星星座

2．地面控制系统

对于导航定位来说，GPS 卫星是一个动态已知点。卫星的位置是依据卫星发射的星历——描述卫星运动及其轨道的参数算得的。每颗 GPS 卫星所播发的星历，是由地面监控系统提供的。卫星上的各种设备是否正常工作，以及卫星是否一直沿着预定轨道运行，都要由地面设备进行监测和控制。地面监控系统的另一重要作用是保持各卫星处于同一时间标准——GPS 时间系统。这就需要地面站监测各颗卫星的时间，求出钟差，然后由地面注入站发给卫星，卫星再由导航电文发给用户设备。GPS 工作卫星的地面监控系统包括一个主控站、三个注入站和五个监测站。地面控制站负责收集由卫星传回的信息，并计算卫星星历、相对距离、大气校正等数据。

小知识

主控站设在美国本土科罗拉多。主控站的任务是收集、处理本站和监测站收到的全部资料，编算出每颗卫星的星历和 GPS 时间系统，将预测的卫星星历、钟差、状态数据及大气传播改正编制成导航电文传送到注入站。主控站还负责纠正卫星的轨道偏离，必要时调度卫星，让备用卫星取代失效的工作卫星。另外主控站还负责监测整个地面监测系统的工作，检验注入给卫星的导航电文，判断监测卫星是否将导航电文发送给了用户。

三个注入站分别设在大西洋的阿森松岛、印度洋的迪戈加西亚岛和太平洋的卡瓦加兰，任务是将主控站发来的导航电文注入相应卫星的存储器，每天注入三次，每次注入 14 天的星历。此外，注入站能自动向主控站发射信号，每分钟报告一次自己的工作状态。

五个监测站除了位于主控站和三个注入站之处的四个站以外，还在夏威夷设立了一个监测站。监测站的主要任务是为主控站提供卫星的观测数据（图 3-10）。

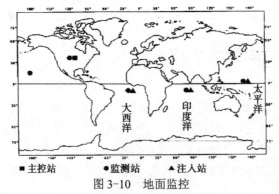

图 3-10　地面监控

3. 用户设备部分

用户设备部分即 GPS 信号接收机，主要由以无线电传感和计算机技术支撑的 GPS 卫星接收机和 GPS 数据处理软件构成。GPS 卫星接收机能够捕获到按一定卫星高度截止角所选择的待测卫星的信号，并跟踪这些卫星的运行，对接收到的 GPS 信号进行变换、放大和处理，以便测量出 GPS 信号从卫星到接收机天线的传播时间，解译出 GPS 卫星所发送的导航电文，实时地计算出用户的三维位置，甚至三维速度和时间，最终实现利用 GPS 进行导航和定位的目的。

3.2.2　GPS 关键技术

扫一扫看全球
定位技术原理
教学课件

1. GPS 测量原理

GPS 的定位原理就是利用空间分布的卫星及卫星与地面点的距离交会得出地面点位置。简言之，GPS 定位运用的是空间距离交会原理。

设想在地面待定位置上安置 GPS 接收机，同一时刻接收 4 颗以上 GPS 卫星发射的信号。通过一定的方法测定这 4 颗以上卫星在此瞬间的位置及它们分别至该接收机的距离，据此利用距离交会法解算出测站点 P 的位置及接收机钟差δ_t。

如图 3-11 所示，设时刻 t_i 在测站点 P 用 GPS 接收机同时测得 P 点至四颗 GPS 卫星 S_1、S_2、S_3、S_4 的距离ρ_1、ρ_2、ρ_3、ρ_4，通过 GPS 电文解译出四颗 GPS 卫星的三维坐标$(X_j, Y_j, Z_j), j=1,2,3,4$，用距离交会的方法求解 P 点的三维坐标$(X,Y,Z)$的观测方程为：

$$\begin{cases} \rho_1^2 = (X - X_1^1)^2 + (Y - Y_1^1)^2 + (Z - Z_1^1)^2 + c\delta_t \\ \rho_2^2 = (X - X_2^2)^2 + (Y - Y_2^2)^2 + (Z - Z_2^2)^2 + c\delta_t \\ \rho_3^2 = (X - X_3^3)^2 + (Y - Y_3^3)^2 + (Z - Z_3^3)^2 + c\delta_t \\ \rho_4^2 = (X - X_4^4)^2 + (Y - Y_4^4)^2 + (Z - Z_4^4)^2 + c\delta_t \end{cases}$$

式中，c 为光速；δ_t 为接收机钟差。

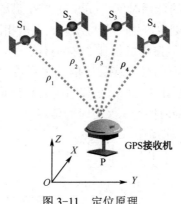

扫一扫看 GPS
定位原理微课
视频

图 3-11　定位原理

由此可见，GPS 定位中要解决的问题有两个，一是观测瞬间 GPS 卫星的位置。GPS 卫星发射的导航电文中含有 GPS 卫星星历，可以实时地确定卫星的位置信息。二是观测瞬间测站点至 GPS 卫星之间的距离。站星之间的距离是通过测定 GPS 卫星信号在卫星和测站点之间的传播时间来确定的。

2. GPS 定位方法

（1）利用 GPS 进行定位的方法有很多种。若按照参考点的位置不同，则定位方法可分为绝对定位和相对定位。

- 绝对定位，即在协议地球坐标系中，利用一台接收机来测定该点相对于协议地球质心的位置，也叫单点定位。
- 相对定位，即利用两台以上的接收机测定观测点至某一地面参考点（已知点）之间的相对位置，也就是测定地面参考点到未知点的坐标增量。相对定位的精度远高于绝对定位的精度。

（2）按用户接收机在作业中的运动状态不同，可将定位方法分为静态定位和动态定位。

- 静态定位，即在定位过程中，将接收机安置在测站点上并固定不动。严格说来，这种静止状态只是相对的，通常指接收机相对于其周围点位没有发生变化。
- 动态定位，即在定位过程中，接收机处于运动状态。

（3）若依照测距的原理不同，又可将定位方法分为测码伪距法定位、测相伪距法定位、差分定位等。

小知识

利用 GPS 定位，不管采用何种方法，都必须通过用户接收机来接收卫星发射的信号并加以处理，获得卫星至用户接收机的距离，从而确定用户接收机的位置。GPS 卫星到用户接收机的观测距离，由于各种误差源的影响，并非真实地反映卫星到用户接收机的几何距离，而是含有误差，这种带有误差的 GPS 观测距离称为伪距。

- 测码伪距测量。通过测量 GPS 卫星发射的测距码信号到达用户接收机的传播时间，从而计算出接收机至卫星的距离，即

$$\rho=\Delta tc$$

式中，Δt 为传播时间；c 为光速。

为了测量上述测距码信号的传播时间，GPS 卫星在卫星钟的某一时刻发射出某一测距码信号，用户接收机在同一时刻也产生一个与发射码完全相同的码（称为复制码）。卫星发射的测距码信号经过 Δt 的时间被接收机收到（称为接收码），接收机通过时间延迟器将复制码向后平移若干码元，使复制码信号与接收码信号达到最大相关（即复制码与接收码完全对齐），并记录平移的码元数（图 3-12）。平移的码元数与码元宽度的乘积，就是卫星发射的码信号到达接收机天线的传播时间 Δt，又称时间延迟。

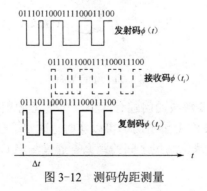

图 3-12　测码伪距测量

● 载波相位测量。通过测量 GPS 卫星发射的载波信号从 GPS 卫星发射到 GPS 接收机的传播路程上的相位变化，从而确定出传播距离，因而又称为测相伪距测量。

某一卫星钟时刻卫星发射载波信号，与此同时接收机内振荡器复制一个与发射载波完全相同的参考载波，被接收机收到的卫星载波信号与此时的接收机参考载波信号的相位差，就是载波信号从卫星传播到接收机的相位延迟（载波相位观测量）（图 3-13）。

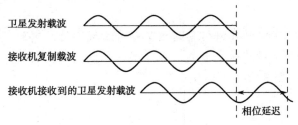

图 3-13   载波相位测量

扫一扫看 GIS 定义 教学课件

3.2.3   地理信息系统

扫一扫看 GIS 技术 微课视频

1. 地理信息系统的概念

地理信息系统（Geographic Information System，GIS）有时又称为"地学信息系统"或"资源与环境信息系统"。它被定义为一种特定的十分重要的空间信息系统，在计算机硬/软件系统支持下，对整个或部分地球表层（包括大气层）空间中的有关地理分布数据进行采集、储存、管理、运算、分析、显示和描述。物联网的不断发展完善将整个世界逐渐连成一个整体，GIS 则主要对原始数据进行地理学的空间分析算法处理。简单来说，GIS 是利用计算机来对地图进行管理和应用的软件系统。

或许你还不能理解什么是 GIS，其实我们都在使用它。到达火车站的最短路径在哪？旅游景点在哪？利用百度地图查询即可（图 3-14），而百度地图就是典型的 GIS，是百度提供的免费地理信息系统软件。现在利用电子地图，除了查找地点外，还有行驶路线推荐、路况信息显示、服务设施检索等功能。

图 3-14   百度地图查询

扫一扫看 GIS 应用 微课视频

2. 地理信息系统的功能

GIS 系统是解决空间问题的有效辅助决策支持工具，可以将描述位置的信息结合在一起，通过这些信息可以更好地认识这个位置（地方）。可以按照需要选择使用哪些层信息，比如，找一个更好的地段设立店铺、分析环境危害、通过综合城市中相同的犯罪发现犯罪类型等。GIS 一般均具备下列基本功能。

1）数据采集与输入功能

数据采集与输入是指在数据处理系统中将系统外部的原始数据传输给系统内部，并将这些数据从外部格式转换为系统便于处理的内部格式。

示例：

数据采集是将非数字化的各种信息通过某些方法数字化。例如，将真实的地理信息转换为不同图层，每个图层对应一个专题，包含某一种或某一类数据，如地貌层、水系层、道路层、居民地层等（图 3-15）。

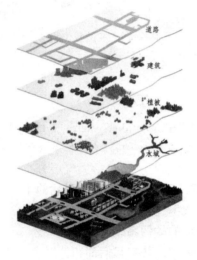

扫一扫看地理信息系统的功能教学课件

图 3-15 数据采集与输入

2）数据处理和变换

原始数据不可避免会有误差，为了保证数据的完整性和一致性，需对原始数据进行编辑处理，形成能用的数据。通常采用图形变换和数据重构。

示例：

不同的地图采用不同的投影方式，当这些地图资料数据进入计算机时，需要进行转换（图 3-16）。

图 3-16 地图投影

3）数据存储与管理

与一般数据库相比，GIS 的数据量大，数据复杂，应用广泛，需要对数据进行组织管理，才能高效地进行利用。

4）空间查询和分析

通过空间查询与空间分析得出决策结论，是 GIS 的出发点和归宿，因此空间查询与分析是 GIS 的核心，是 GIS 最重要的和最具有魅力的功能，也是 GIS 有别于其他信息系统的本质特征。

示例：

如果需要计算道路拓宽改建过程中，由于道路拓宽而需拆迁的建筑物的面积和房产价值，就可以利用 GIS 系统，在现状道路图上，选择拟拓宽的道路，建立道路的缓冲区（地理空间目标的一种影响范围或服务范围）。将此缓冲区与建筑物层数据进行拓扑叠加，产生一幅新图，对全部或部分位于拆迁区内的建筑物进行选择，对所有需拆迁的建筑物进行拆迁指标计算。

5）数据显示与输出

地理信息系统不仅可以为用户输出全要素地图，而且可以根据用户需要分层输出各种专题地图，如行政区划图、土壤利用图、道路交通图、等高线图等，还可以通过空间分析得到一些特殊的地学分析用图，如坡度图、坡向图、剖面图等。

示例：

江西省在全省优质早稻种植气候区划和万安县脐橙种植综合区划中（图 3-17），除了应用 1：25 万的地理数据，还结合了 TM 影像数据，辅助 GPS 定位抽样，把早稻、脐橙的可能种植区（农田、荒山荒坡）提取出来，排除了山体、水体、居民点、道路等不能种植脐橙和早稻的区域，把可能种植区与农业气候区划图作逻辑交集运算，得到全省优质早稻和万安县脐橙种植规划图。

■	水体
	不宜区
	一般区
	较适宜区
■	最适宜区

扫一扫看
GIS 应用
教学课件

图 3-17　优质早稻和脐橙种植规划图

案例 3-5　基于 GIS 的大气污染扩散模拟系统

包头市是中国最大的稀土工业基地和著名的钢铁机械工业基地之一，是门类齐全、体系较为完善的现代化工业城市。包头市工业能源消耗以燃煤为主，占 56%，其次为焦炭和电力。在能源结构中，重污染能源占 70.8%，包头工业排放的 SO_2、烟粉尘和氟化物都较大，造成包头市煤烟型和氟污染的特点，其中 21 家重点空气污染源占全市工业排放 95%、85%、96% 的分别为 SO_2、烟尘和氟化物。包钢是最大污染厂家，其 SO_2、粉尘、氟化物的排放量高居榜首。基于 GIS 建立大气污染扩散模型，可以模拟污染物的空间分

布，评价不同区域的环境质量；将污染物空间分布与人口密度空间进行复合分析，确定受污染影响的人口数目；预测在给定气象条件下污染物的空间分布；确定不同点源对整个研究区污染总量的贡献，进而为污染整治，如降低排放量，甚至关闭某些污染源，提供决策依据；在城市规划时，可以作为确定不同用地（居住、工业、商业等）的分布依据。

在包头市的研究工作中，利用 1 月份平均风速、风向、频率，并将其换算为风频表，对包头市的 37 个高架点源造成的地面 SO_2 浓度的空间变化进行模拟，结果如图 3-18 所示。

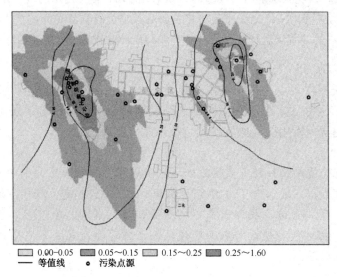

□ 0.00-0.05	▨ 0.05～0.15	▩ 0.15～0.25	▦ 0.25～1.60

—— 等值线　　◦ 污染点源

图 3-18　包头市大气 SO_2 分布图

小知识

1854 年 8 月到 9 月英国伦敦霍乱病流行时，当局始终找不到发病原因，后来医生琼·斯诺博士在绘有霍乱流行地区所有道路、房屋、饮用水机井等内容的 1：6500 城区地图上，标出了每个霍乱病死者的住家位置，得到了霍乱病死者居住位置分布图（图 3-19）。他分析了这张图，马上明白了霍乱病源之所在——死者住家都集中于饮用"布洛多斯托"井水的地区及周围。根据斯诺博士的分析和请求，当局于 9 月 8 日摘下了这个水井的水泵，之后再没有出现新的霍乱病人。

图 3-19　霍乱病死者居住位置分布图

案例 3-6　基于 GIS 的应急处理系统

应对重大突发公共安全事件的处置能力是城市现代化程度的一个重要标志，直接关系到人民的生命财产安全、社会稳定和国家安危。在此背景下，加强安全监控、预警防范、突发事件的快速处置等变得十分迫切。大中城市的供水、供电、公共交通的安全与保障体系变得越来越为重要。应急系统是政府重点工程，事关国计民生，非同小可。

应急日常管理作为常态化管理的主要工作，包括应急日常值守、应急事件接报、应急专题数据维护、预案管理、应急专题图打印及应急培训与应急演练，在以上各个环节，GIS 都可以提供很好的支撑。为降低突发事件的发生概率，需要在平时做好风险隐患监测与预测预警，做到防患于未然。GIS 在重大危险源监控、移动危险源监控、综合预测预警和风险评估中都起到重要作用（图 3-20）。

图 3-20　气体污染扩散

应急事件处置中，需要综合各方面的信息，如天气因素、环境因素、周边人口、危险品物质类别、事发时间段等各类因素，通过 GIS 可以将各类影响因素进行综合考虑和综合分析，对事故的进展进行态势感知，为应急指挥辅助决策提供支持（图 3-21、图 3-22）。根据事故发生地点的具体位置，GIS 帮助快速选择和按照最优路径调配营救力量，将应急物资、救援人员及救援车辆的实时分布位置展现在电子地图上，结合事故发生现场的情况，指挥和调度人员及物资快速到达事发现场。

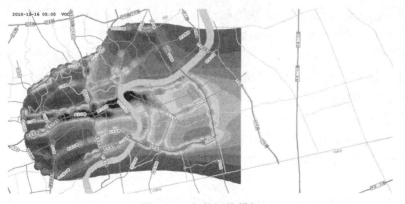

图 3-21　气体污染模拟

图 3-22　方案模拟

随着智慧城市建设步伐的加快，最能够体现智慧城市优势的城市应急管理也被提到了足够的高度，智慧应急应需而出，解决城市应急管理中的突出问题。GIS 作为基础支撑系统和辅助决策系统，在应急日常管理、风险隐患监测防控、预测预警、应急处置救援、应急评估和恢复重建等方面都发挥了重要的支撑作用。

案例 3-7　施工扬尘电子防控联合执法平台

南京市施工扬尘电子防控联合执法平台由施工工地扬尘污染监视子系统和工程渣土运输车辆 RFID 防控联合执法平台两部分组成。

1）施工工地扬尘污染监视子系统

施工工地扬尘污染监视子系统，可建立工地基础信息库、施工工地 GIS 地图、工地的实时高清视频图像信息、扬尘监控信息等，并根据日常监管情况，建立工地评分等级制度，进一步规范工地的行为，促进工地管理的信息化、科学化。

2）工程渣土运输车辆 RFID 防控联合执法平台

工程渣土运输电子防控联合执法平台是专门针对渣土车的监控和管理，并实现信息服务与共享的系统。该系统主要具备以下管理功能。

（1）基础信息维护：对渣土车的车辆基本信息、驾驶员信息、车主及运营企业信息进行维护。

（2）渣土车运输线路规划：对渣土车运输路线进行规划，便于及时发现不按规定路线行驶或者不按规定时间、地点运输的车辆。

（3）渣土车行驶轨迹跟踪：在地图上画出车辆的行驶轨迹。

（4）非法倾倒自动报警：渣土车从工地驶出，但未在规定时间内到达指定渣土处置场，视为非法倾倒。系统可自动发现非法倾倒的车辆，并及时报警通知主管部门。主管部门通过车辆轨迹描述，可快速定位车辆并找到非法倾倒点。

（5）违法行为事件分析：通过自动与人工相结合的方式，对渣土车离开工地时抓拍的照片进行辨识，快速直观地发现渣土车超载、不加覆盖、带土上路等违法行为。

（6）交通违法信息采集：利用南京市智能交通采集与共享平台对渣土车的交通违法信息进行采集。

（7）无牌无证车辆报警：系统通过工地的临时基站，采集进出工地的渣土车信息，发现未经登记许可或私自拆除专用智能卡的渣土车，自动报警并通知主管部门。

3）建立南京市道路实时污染分布图

系统通过南京智能交通采集系统与扬尘防控平台综合采集与分析机动车尾气排放检测数据和工地扬尘检测数据，形成南京市道路实时污染分布图（图 3-23），为城市大气污染指数提供依据。

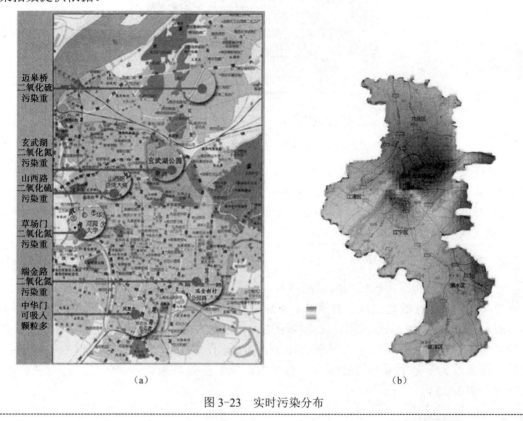

图 3-23　实时污染分布

3.2.4　北斗卫星导航定位系统

1. 北斗卫星导航定位系统概述

扫一扫看北斗卫星导航定位系统教学课件

北斗卫星导航定位系统是由中国自行研发的区域性有源三维卫星定位与通信系统（CNSS），是继美国的全球定位系统（GPS）、俄罗斯的格洛纳斯（GLONASS）定位系统之后世界第三个成熟的卫星导航系统。北斗卫星导航定位系统又称为"北斗二代"，由空间段、地面段和用户段三部分组成。空间段包括 5 颗静止轨道卫星和 30 颗非静止轨道卫星，采用东方红 3 号卫星平台；30 颗非静止轨道卫星又细分为 27 颗中轨道（MEO）卫星和 3 颗倾斜同步（IGSO）卫星，27 颗 MEO 卫星平均分布在倾角为 55°的三个平面上，轨道高度为 21 500 km。地面段包括主控站、注入站和监测站等若干个地面站，用户段包括北斗用户终端及与其他卫星导航系统兼容的终端。

小知识

　"北斗一代"已经改名为北斗导航试验系统，分别由 4 颗卫星（两颗工作卫星、两颗备用卫星）、以地面控制中心为主的地面部分、北斗用户终端三部分组成（图 3-24）。

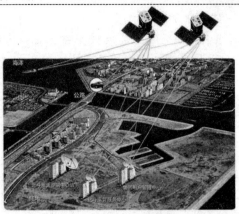

图 3-24　北斗定位系统

　　北斗定位系统可向用户提供全天候、24 h 的即时定位服务，定位精度可达数十纳秒（ns），其精度与 GPS 相当。中国在 2000—2007 年先后发射了四颗"北斗一号"卫星，这种区域性（中国境内）的卫星导航定位系统，正在为中国陆地交通、航海、森林防火等领域提供良好服务。

2. 系统构成与工作原理

　　一代"北斗"系统构成包括两颗地球静止轨道卫星（两颗备份卫星）、地面中心站、用户终端。北斗卫星导航定位系统的基本工作原理是"双星定位"：以 2 颗在轨卫星的已知坐标为圆心，各以测定的卫星至用户终端的距离为半径，形成 2 个球面，用户终端将位于这 2 个球面交线的圆弧上。地面中心站配有电子高程地图，提供一个以地心为球心、以球心至地球表面高度为半径的非均匀球面。用数学方法求解圆弧与地球表面的交点即可获得用户的位置（图 3-25）。

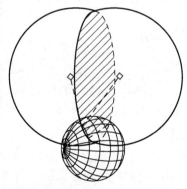

图 3-25　工作原理

3. 北斗应用五大优势

（1）同时具备定位与通信功能，无须其他通信系统支持。

（2）覆盖中国及周边国家和地区，24 h 全天候服务，无通信盲区。

（3）特别适合集团用户大范围监控与管理，以及无依托地区数据采集用户数据传输应用。

（4）独特的中心节点式定位处理和指挥型用户机设计，可同时解决"我在哪儿"和

"你在哪儿"的问题。

（5）自主系统，高强度加密设计，安全、可靠、稳定，适合关键部门应用。

思考与问答 3-1

（1）什么是地理信息系统（GIS）？GIS 在物联网中有什么地位与作用？

（2）什么叫 GPS？有什么作用？能用例子说明吗？

（3）说明 GPS 系统的架构。

训练任务 3-1　调研物联网定位技术的应用

1. 任务目的

（1）了解定位技术的发展和特点。

（2）了解物联网定位技术的应用。

2. 任务要求

通过网络方式调研有关物联网定位技术的应用案例，需包含以下要点：

（1）详细的物联网定位技术应用案例场景及功能展示，采用图片匹配文字形式展现。

（2）针对场景分析使用的物联网定位技术，简单分析定位技术的优缺点。

（3）每人选一个主题，课内发言。

3. 任务评价

序　号	项 目 要 求	得　分
1	所选主题内容与要求一致（15 分）	
2	物联网定位技术场景描述清晰，图文并茂（35 分）	
3	充分利用软件展示清晰（25 分）	

训练任务 3-2　体验 Web GIS 系统的实际应用

1. 任务目的

（1）了解 GPS 定位技术。

（2）能将定位及 GIS 应用在日常生活中。

扫一扫看 Web GIS 应用教学课件

2. 任务要求

登录 http://tm.arcgisonline.cn/，进入 Arcgis 在线体验中心，学习体验 GIS 在生产生活中的各种应用。

（1）要有详细的 GIS 在生产生活中的案例场景及功能展示，采用图片匹配文字的形式展现。

（2）每人选一个主题，课内发言。

3．任务评价

序　号	项 目 要 求	得　分
1	所选主题内容与要求一致（15 分）	
2	GIS 案例场景描述清晰，图文并茂（35 分）	
3	充分利用软件展示清晰（25 分）	

3.3 其他短距离定位技术

无线通信技术的成熟和发展带动了新兴无线业务的出现，越来越多的应用都需要自动定位服务。为解决自动定位的问题，基于卫星通信的全球定位系统（GPS）出现了，其良好的定位精度解决了很多军事和民用的实际问题。但是，当需要定位的物体位于建筑物内部，如办公大楼内时，其定位精度就明显下降了。随着无线通信技术的发展，为弥补 GPS 的不足，新兴的无线网络技术，如 WiFi、ZigBee、蓝牙和超宽带等，在办公室、家庭、工厂等得到了广泛应用。其原理主要是利用无线信号，通过各种算法来进行定位。

3.3.1 红外定位技术

红外线是一种波长在无线电波和可见光波之间的电磁波。典型的红外线室内定位系统 Active Badges 使待测物体附上一个电子标识，该标识通过红外发射机向室内固定放置的红外接收机周期性地发送该待测物唯一的 ID，接收机再通过有线网络将数据传输给数据库。这个定位技术功耗较大且常常会受到室内墙体或物体的阻隔，实用性较低。定位精度为 5～10 m。缺陷在于由于光线不能穿过障碍物，使得红外线仅能视距传播。直线视距和传输距离较短这两大主要缺点使其室内定位的效果很差。当标识放在口袋里或者有墙壁及其他遮挡时就不能正常工作，需要在每个房间、走廊安装接收天线，造价较高，定位系统复杂度较高，有效性和实用性较其他技术仍有差距。因此，红外线只适合短距离传播，而且容易被荧光灯或者房间内的灯光干扰，在精确定位上有局限性。

3.3.2 超声波定位技术

超声波定位目前大多数采用反射式测距法。系统由一个主测距器和若干个电子标签组成，主测距器可放置于移动机器人本体上，各个电子标签放置于室内空间的固定位置。定位过程如下：先由上位机发送同频率的信号给各个电子标签，电子标签接收到后又反射传输给主测距器，从而可以确定各个电子标签到主测距器之间的距离，并得到定位坐标。

目前，比较流行的基于超声波室内定位的技术有两种。一种是将超声波与射频技术结合进行定位，由于射频信号传输速率接近光速，远高于射频速率，可以利用射频信号先激活电子标签而后使其接收超声波信号，利用时间差的方法测距。这种技术成本低，功耗小，精度高。另一种为多超声波定位技术，该技术采用全局定位，可在移动机器人身上 4 个朝向安装 4 个超声波传感器，将待定位空间分区，由超声波传感器测距形成坐标，总体把握数据，抗干扰性强，精度高，而且可以解决机器人迷路的问题。

超声波定位精度可达厘米级，精度比较高。缺陷在于超声波在传输过程中衰减明显，从而影响其定位有效范围，而且超声波受多径效应和非视距传播影响很大，同时需要大量的底层硬件设施投资，成本太高。Cricket Location Support System 和 Active Bat Location System 是目前成功使用的两个系统，它们都利用了类似蝙蝠定位的原理，可以实现最高精度达 9 cm 的定位。

3.3.3 RFID 定位技术

射频识别（RFID）技术是一种操控简易，适用于自动控制领域的技术，它利用了电感和电磁耦合或雷达反射的传输特性，实现对被识别物体的自动识别。射频是具有一定波长的电磁波，它的频率描述为 kHz、MHz、GHz，范围从低频到微波不一。

系统通常由电子标签、射频读写器、中间件及计算机数据库组成。射频标签和读写器是通过由天线架起的空间电磁波的传输通道进行数据交换的。在定位系统应用中，将射频读写器放置在待测移动物体上，射频电子标签嵌入到操作环境中。电子标签上存储有位置识别的信息，读写器则通过有线或无线形式连接到信息数据库。

不足之处在于系统定位精度由参考标签的位置决定，参考标签的位置会影响定位，系统为了提高定位精度需要增加参考标签的密度，然而密度较高会产生较大的干扰，影响信号强度。

案例 3-8　火车站 RFID 人员定位系统

北京华荣汇资讯有限公司推出的一款专门用于复杂环境下进行人员定位的人员管理系统，针对火车站，可以实现对站台内、售票窗口、检票通道和候车室内工作人员的跟踪定位和安全管理，提升管理质量，避免由于环境嘈杂导致的信息传递缓慢等问题。

RFID 人员定位管理系统通过 RFID 技术，实现了大范围的准确的人员监控，利用成熟的 CAN 总线/RS-485 线数据传输组网系统，连接人员定位基站、阅读器和人员随身携带的无线发射器（电子标签），通过人员定位基站和人员管理专用软件及后台数据库进行数据交换，实现站内人员的跟踪定位和安全管理。RFID 人员定位系统主要由人员定位管理软件、后台数据库、数据中继设备、阅读器、标签等设备构成（图 3-26）。

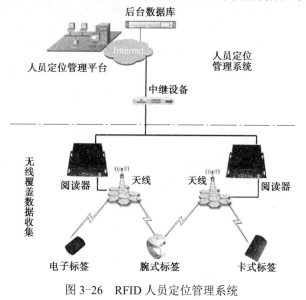

图 3-26　RFID 人员定位管理系统

　　人员定位管理软件集成于火车站信息管理系统中，主要用于对收集数据的处理，并通过人员定位显示屏实时反映出受监控人员的位置，可以在需要时通过无线语音指挥系统下发指令给无线终端进行人员管理。

　　后台数据库主要用于收集和储存从阅读器中上传的数据，用于数据回溯和提供给定位管理软件进行数据处理。

　　中继设备用于实现阅读器数据上传，使用 485 线组网的阅读器最长走线距离约为 1 000 m，需要通过中继设备来上传数据，避免距离太远导致数据丢失。

　　阅读器主要用于电子标签数据的接收、筛选并上传数据至后台数据库。

　　电子标签由受控人员随身携带，实时上传数据给就近的阅读器，以实现人员跟踪定位功能。

　　人员定位主要有范围定位和精确定位两种。

　　范围定位：数据上传中的信息包括接收的标签信息和接收信息阅读器的相关信息，可以对数据分析得到阅读器编号及阅读器覆盖范围内的标签编号，从而判断出相应人员所处的位置。

　　精确定位：通过 RSSI 值（无线信号强度值）定位，可以通过实际测试得到不同 RSSI 值对应的具体距离，从而实现范围定位下的精确定位，判断出人员距离阅读器的位置。

　　还可以通过人员随身携带标签进出信号覆盖区域的信息记录进行考勤管理，实时记录进入和离开工作区域的时间，对工作状况进行准确记录并存档。

3.3.4　超宽带定位技术

　　超宽带定位（UWB）技术是近年来新兴的一项无线技术，目前，包括美国、日本、加拿大在内的一些国家都在研究这项技术，在无线室内定位领域具有良好的前景。UWB 技术传输速率高（最高可达 1 000Mb/s 以上），发射功率较低，穿透能力较强。

　　超宽带室内定位系统包括 UWB 接收器、UWB 参考标签和主动 UWB 标签。定位过程中由 UWB 接收器接收标签发射的 UWB 信号，通过过滤电磁波传输过程中夹杂的各种噪声干扰，得到含有效信息的信号，再通过中央处理单元进行测距定位计算分析，其定位方法为三角定位（图 3-27），定位精度为 6～10 cm，缺陷是造价较高。

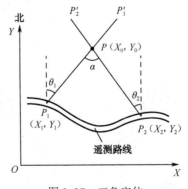

图 3-27　三角定位

3.3.5 WiFi 定位技术

无线局域网络（WLAN）是一种全新的信息获取平台，可以在广泛的应用领域内实现复杂的大范围定位、监测和追踪任务，而网络节点自身定位是大多数应用的基础和前提。当前比较流行的 WiFi 定位是无线局域网络系列标准之 IEEE 802.11 的一种定位解决方案。该系统采用经验测试和信号传播模型相结合的方式，易于安装，只需很少的基站，能采用相同的底层无线网络结构，系统总精度高。

芬兰的 Ekahau 公司开发了能够利用 WiFi 进行室内定位的软件。WiFi 绘图的精确度大约在 1～20 m 的范围内。总体而言，它比蜂窝网络三角测量定位方法更精确。目前，它应用于小范围的室内定位，成本较低。但无论是用于室内还是室外定位，WiFi 收发器都只能覆盖半径为 90 m 以内的区域，而且很容易受到其他信号的干扰，从而影响其精度，且定位器的能耗也较高。

3.3.6 蓝牙定位技术

蓝牙定位技术通过测量信号强度进行定位，这是一种短距离低功耗的无线传输技术。在室内安装适当的蓝牙局域网接入点，把网络配置成基于多用户的基础网络连接模式，并保证蓝牙局域网接入点始终是这个微微网的主设备，就可以获得用户的位置信息。蓝牙定位技术主要应用于小范围定位，如单层大厅或仓库。

蓝牙定位技术最大的优点是设备体积小，易于集成在 PDA、PC 及手机中，因此很容易推广普及。理论上，对于持有集成了蓝牙功能移动终端设备的用户，只要设备的蓝牙功能开启，蓝牙室内定位系统就能够对其位置进行判断。采用该技术作室内短距离定位时容易发现设备且信号传输不受视距的影响。其不足在于蓝牙器件和设备的价格比较昂贵，而且对于复杂的空间环境，蓝牙系统的稳定性稍差，受噪声信号干扰大。

3.3.7 ZigBee 定位技术

ZigBee 是一种新兴的短距离、低速率无线网络技术，它介于射频识别和蓝牙之间，也可以用于室内定位。它有自己的无线电标准，在数千个微小的传感器之间相互协调通信以实现定位。这些传感器只需要很少的能量，以接力的方式通过无线电波将数据从一个传感器传到另一个传感器，所以它们的通信效率非常高。ZigBee 最显著的技术特点是低功耗和低成本。

确定网络节点位置时，节点首先读取计算节点位置的参数，然后将相关信息传送到中央数据采集点，对节点位置进行计算，最后再将节点位置的相关参数传回至该节点。定位引擎的覆盖范围为 64 m×64 m。具体的工作原理是：网络中的待测节点发出广播信息，并从各相邻的参考节点采集数据，选择信号最强的参考节点的 X 和 Y 坐标，然后计算与参考节点相关的其他节点的坐标，最后对定位引擎中的数据进行处理，并考虑距离最近参考节点的偏移值，从而获得待测节点在大型网络中的实际位置。

> **案例 3-9 基于 ZigBee 的监狱人员定位跟踪系统**
>
> 监狱人员定位管理系统将现代通信技术应用到监管业务中，实现服刑人员实时定位、人数清点、警力分布、外来人员定位、重要人员活动轨迹监视、越区报警等功能，对提升

监狱监管水平，促进监狱信息化建设有着重要意义。运用这种"电子跟踪"技术手段，将监狱狱政业务与现代物联网技术结合起来，使干警能够实时掌握狱内服刑人员的具体位置和运动轨迹；监狱领导能够随时掌握狱内警力分布，以便随时查看与调用；干警了解外来人员的活动位置、是否与服刑人员交谈等情况，规范监狱监管工作，增强应对突发事件的处置能力。

ZigBee技术监狱人员定位跟踪系统是一个短距离、多跳的、自组织无线定位网络，主要由参考节点、定位节点、网关（协调器）节点、主机、数据库和应用软件组成，如图 3-28 所示。其中，参考节点和网关节点为全功能设备（FFD），定位节点为精简功能设备（RFD）。RFD 只能充当终端设备，且内置定位引擎；FFD 可以与 RFD 或其他 FFD 通信，但 RFD 却只能与 FFD 通信，由这三类节点组成以数据为中心的无线定位网络。定位节点与参考节点通信距离可达 60 m，参考节点与网关节点通信距离可达 200 m，可以实现一点对多点的快速组网。

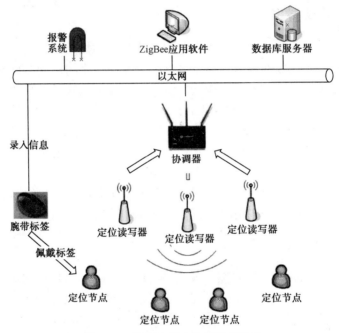

图 3-28　监狱人员定位系统示意图

系统功能实现包括三个过程。一是在监狱或监区内人员活动空间场所的合适位置，布置若干无线定位网络的参考节点，作用是提供数据转发和路由功能，是网络的路由节点。另外，在少量建筑物内设置协调器节点，用于收集 ZigBee 无线信号，并将收集到的信号通过以太网传输到监控终端 PC 上，起到网关节点的作用，网关与参考节点的区别是增加了网络扩展模块。二是让服刑人员戴腕带标签，值班干警和外来人员戴胸卡标签，作为身份识别的定位节点，并具有唯一的 ID 地址用来识别身份和位置信息；在终端数据库中，记录服刑人员（或干警）的相关信息。三是监狱内服刑人员活动至若干参考节点附近时，定位节点将启动内置定位引擎进行识别；然后，定位信息和 ID 号等经若干路由节点多跳传至网关节点，并通过以太网传至终端数据库。

通过系统不间断、定时地获取服刑人员的位置信息，用电子地图描绘其活动轨迹，定时清点特定区域的人数，实现监狱人员跟踪功能；通过设置区域、时间权限，限定区域人数，实现违规报警功能；一旦出现突发事件，立即启动应急预案，实现紧急处置的功能。

3.3.8　移动通信网络定位技术

目前，在移动运营商的引导下，位置服务正在逐步渗透到人们的衣、食、住、行之中，而开展位置服务的前提是对移动通信网络中的移动台（MS）进行定位，利用移动通信网络的基站（BS）和移动台之间传播的无线电波信号的特征参数进行定位。

目前的移动通信网络都是蜂窝网络，蜂窝网络常用的移动台定位方法主要分为基于方向的定位和基于距离的定位。

1. 基于方向的定位技术

基于方向的定位技术是基站利用接收机天线阵列测出移动台发射电波的入射角，即信号的方向，构成基站到移动台的径向连线，即方位线，两个基站的测量就能够确定目标移动台的位置（图 3-29）。

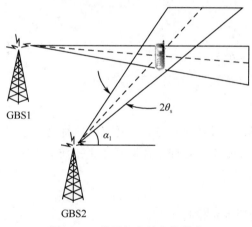

图 3-29　基于方向的定位技术

这种方法的原理非常简单，但在实际应用中存在一些难以克服的缺点，目前在移动台定位中用得不多。

2. 基于距离的定位技术

基于距离的定位技术通过接收信号的强度、到达时间、到达时间差和信号的相位来估计移动台和基站之间的距离。确定移动台在二维空间的位置需要 3 次测量，确定移动台在三维空间的位置需要 4 次测量。在图 3-30 中，基站与移动台之间的距离估计值为 d，则移动台可以被定位在以基站为中心、半径为 d 的圆上；第二次测量将其定位在两个圆相交的圆弧里；第三次测量就锁定了移动台的位置。

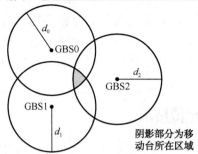

图 3-30　基于距离的定位技术

思考与问答 3-2

（1）简述短距离定位技术。

（2）RFID 技术如何实现定位？

训练任务 3-3　老人室内定位识别系统设计

1. 任务目的

（1）了解各种定位技术的特点。

（2）能根据实际场景选择合适的定位技术。

2. 任务要求

根据全国老龄委的统计，预计到 2050 年老年人口将达到全国人口的 1/3，80 岁以上的老人超过 1 800 万，其中多数不能自理。在此背景下搭建老人室内识别定位系统选择合适设备，并进行连接。

要求：

（1）根据场景选择合适的定位技术。

（2）规划系统整体架构，利用 PPT 展示。

3. 任务评价

序　号	项 目 要 求	得 分 情 况
1	对所要用到的定位技术表述清楚（30）	
2	正确分析所需通信设备的作用（35）	
3	能清晰描绘系统的架构（35）	

内容小结

本单元介绍了物联网定位技术，重点介绍 GPS 和其他短距离定位技术，通过本单元的学习，希望读者了解物联网相关定位技术，为后面的学习打下基础。

单元 4

传感器与无线传感器网络技术

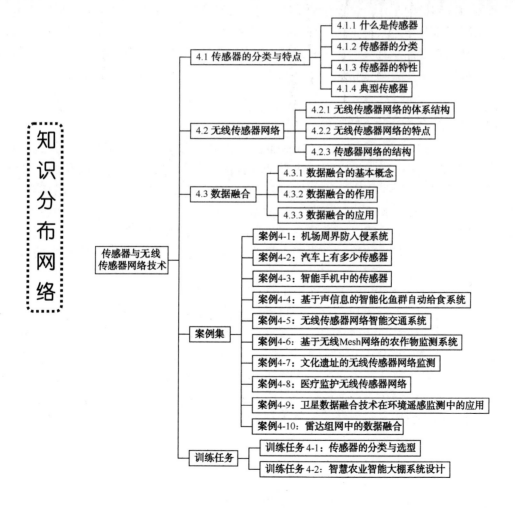

知识分布网络

传感器与无线传感器网络技术

4.1 传感器的分类与特点
- 4.1.1 什么是传感器
- 4.1.2 传感器的分类
- 4.1.3 传感器的特性
- 4.1.4 典型传感器

4.2 无线传感器网络
- 4.2.1 无线传感器网络的体系结构
- 4.2.2 无线传感器网络的特点
- 4.2.3 传感器网络的结构

4.3 数据融合
- 4.3.1 数据融合的基本概念
- 4.3.2 数据融合的作用
- 4.3.3 数据融合的应用

案例集
- 案例4-1：机场周界防入侵系统
- 案例4-2：汽车上有多少传感器
- 案例4-3：智能手机中的传感器
- 案例4-4：基于声信息的智能化鱼群自动给食系统
- 案例4-5：无线传感器网络智能交通系统
- 案例4-6：基于无线Mesh网络的农作物监测系统
- 案例4-7：文化遗址的无线传感器网络监测
- 案例4-8：医疗监护无线传感器网络
- 案例4-9：卫星数据融合技术在环境遥感监测中的应用
- 案例4-10：雷达组网中的数据融合

训练任务
- 训练任务4-1：传感器的分类与选型
- 训练任务4-2：智慧农业智能大棚系统设计

传感器是物联网的一个重要组成部分。如果将物联网比作一个人，那么传感器就是人体的五官，是全面感知外界的核心元件（图 4-1）。

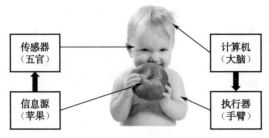

图 4-1　传感器作用

4.1　传感器的分类与特点

传感器早已渗透日常生活中的每一个领域，它正在改变着人们的生活方式，充分显示出它给人们生活带来的方便、安全和快捷。比如，当我们夏天使用空调时，它为什么会让房间保持在一个设定的温度下呢？这是因为空调中有一个用热敏电阻制成的感应头，当周围空气的温度发生变化时，热敏电阻的阻值就会随之发生相应的改变，通过电路转换为电流信号从而控制压缩机的工作。又比如烟雾报警器，就是利用烟敏电阻来测量出烟雾浓度，达到一定浓度即引起报警系统工作，从而达到报警的目的。还有光敏路灯、声控路灯等也是利用传感器来自动控制开关的通和断的。在生活中用到传感器的地方还有很多，如自动门、手机触摸屏、鼠标、数码相机、电子天平、话筒、电子温度计、自动洗衣机、红外线报警器等。

> **案例 4-1　机场周界防入侵系统**
>
> 上海浦东国际机场是华东地区的国际枢纽航空站，依靠人员定期巡逻的方式存在很大的安全隐患。浦东国际机场为完成整个飞行区周界的物防、人防、技防的一体化建设，同时为了降低整体大规模建设的风险，在 2007 年底开始进行飞行区周界防入侵系统第一期工程建设。系统采用了基于传感器网络的第三代防入侵技术，共部署了 10 万多个传感器节点，集传感器处理、组网、通信于一体的终端，覆盖了地面、栅栏和低空探测，可以防止人员翻越、恐怖袭击等攻击入侵，是目前国际上规模最大的机场周界防入侵系统（图 4-2）。
>
> 在周界上，有些墙面贴着火柴盒大小的传感器，有的能感受震动或声响，有的对磁力或微波很敏感。通过这些传感器，没有生命的栅栏就能够主动防止非法入侵，只要拍打墙体，控制大厅就能感受到。传感器能够对波形检测，并区分入侵物的轨迹、形状、大小等，来判断它是飞机还是树叶，避免虚警。通过多种震动传感、倾斜传感、微波传感等对入侵情况进行甄别，周界防范同时实现了三维防范，形成低空、地面、地下三维立体报警体系。低空部分，实现对空中翻越等入侵行为的报警；地面部分，实现对攀爬、破坏（张力改变）等入侵行为的报警；地下部分，实现对掘地入侵行为（发生震动）的报警。

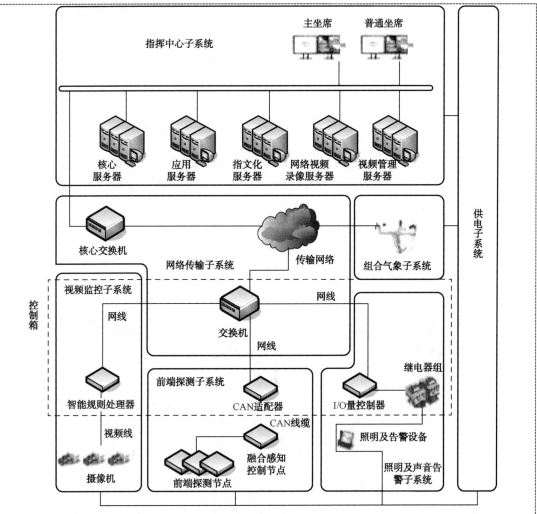

图 4-2　机场周界防入侵系统第一期工程系统组成

截至目前，该系统经受住了机场滨海环境下的台风、雪灾、高温、湿热、烟雾等复杂气候考验，设备工作正常，未发生一起漏报和误报事件。系统的正常稳定运行极大地提升了机场安检部门在该区域的安全防范能力，改善了以前单独依赖人防、完全依靠现场巡逻的防范方式，为机场安防构建了一个新的现代化模式，也必将为机场周界安防工作带来质的突破（图 4-3）。

图 4-3　上海浦东机场的周界防入侵系统

扫一扫看传感器的定义教学课件

4.1.1 什么是传感器

国家标准 GB7665-87 对传感器下的定义是：能感受规定的被测量并按照一定的规律转换成可用信号的器件或装置，通常由敏感元件和转换元件组成。

传感器是一种检测装置，能感受到被测量的信息，并能将检测感受到的信息按一定规律变换成为电信号或其他所需形式的信息输出，以满足信息的传输、处理、存储、显示、记录和控制等要求。

随着现代科学技术的发展，其进入了许多新领域。例如，在宏观上要观察上千光年的茫茫宇宙，微观上要观察小到微米的粒子世界，纵向上要观察长达数十万年的天体演化，短到秒的瞬间反应。此外，还出现了对深化物质认识、开拓新能源、新材料等具有重要作用的各种极端技术研究，如超高温、超低温、超高压、超高真空、超强磁场、超弱磁砀等。这些是人类感官无法直接获取的信息，是不易于测量的，传感器就是把非电的物理量（如位移、速度、压力、温度、湿度、流量、声强、光照等）转换成易于测量、传输和处理的电学量（如电压、电流等）。

示例：

测量体温的电子体温计（图 4-4）就是常见的传感器，它将人体温度转换为电信号，利用显示器显示温度数字。

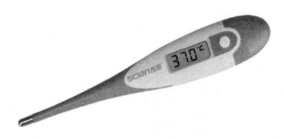

图 4-4　电子体温计

小知识

我们身边的传感器有：

（1）全自动洗衣机——浊度传感器；

（2）自动冲水装置——光电传感器和电子系统；

（3）遥控器——红外传感器；

（4）电饭锅——温度传感器。

传感器一般由敏感元件、转换元件和测量电路三部分组成，有时还加上辅助电源，如图 4-5 所示。

图 4-5　传感器组成

1）敏感元件

直接感受或响应被测量的部分称为敏感元件，有时也将敏感元件称为传感器。直接感受被测的非电学量，输出与被测量有确定对应关系的、转换元件所能接收的其他物理量，如膜片可以将被测的压力转换成位移。

2）转换元件

能将敏感元件感受或响应的被测量转换成适于传输或测量的电信号，如差动变压器可将位移量转换为电压输出。有些传感器转换元件不止一个，有些传感器的敏感元件和转换元件合为一体，如热电偶、压电晶体、光电器件等。

3）测量电路

测量电路是将转换元件输出的电信号进行进一步转换和处理，如放大、滤波、线性化等，以获得更好的品质特性，便于后续电路实现显示、记录、处理等功能。测量电路的类型视传感器的工作原理而定（图 4-6）。

4）电源

电源负责为敏感元件、转换元件和测量电路供电。

> **小知识**
>
> 传感器的作用类似于人的感觉器官，是实现测试和控制的首要环节。例如，美国阿波罗 10 号共用 3 295 个传感器，在 2001 年 1 月和 7 月，美国的国家导弹防御系统进行了两次试验，均因为传感器发生故障，使得每次耗资 9 000 万美元的试验以失败告终。2005 年 7 月 13 日，"发现号"航天飞机外挂燃料箱上的 4 个引擎控制传感器之一发生故障，直接导致原发射计划推迟。

在生活中，各种各样的结构型传感器数不胜数，它们主要依靠传感器结构参数（如形状、尺寸等）的变化，利用某些物理规律，实现信号的变换，从而检测出被测量，是目前应用最多、最普遍的传感器。这类传感器的特点是其性能以传感器中元件相对结构（位置）的变化为基础，而与其材料特性关系不大。

物性型传感器则是利用某些功能材料本身所具有的内在特性及效应将被测量直接转换成电量的传感器。例如，热电偶传感器就是利用金属导体材料的温差电动势效应和不同金属导体间的接触电动势效应实现对温度的测量（图 4-7）；而利用压电晶体制成的压力传感器则是利用压电材料本身所具有的压电效应实现对压力的测量。这类传感器的"敏感元件"就是材料本身，无所谓"结构变化"，因此，通常具有响应速度快的特点，而且易于实现小型化、集成化和智能化。

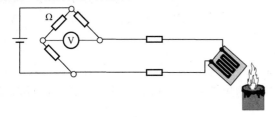　　　　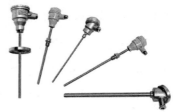

图 4-6　传感器的结构组成　　　　图 4-7　热电偶传感器

复合型传感器则是结构型和物性型传感器的组合，同时兼有二者的特征。

当然，还有的传感器就是按能量转换关系来分类，可分为能量控制型和能量转换型两大类。所谓能量控制型传感器是指其变换的能量是由外部电源供给的，而外界的变化（即传感器输入量的变化）只起到控制作用。电阻、电感、电容等电参数传感器、霍耳传感器等都属于这一类传感器。

能量转换型传感器主要由能量变换元件构成，它们不需要外电源。基于压电效应、热电效应、光电效应等的传感器都属于此类传感器。

扫一扫看传感器的分类教学课件

4.1.2 传感器的分类

传感器是通过模仿人的感觉器官来获取信息的，是生物体感官的工程模仿物。例如，光敏传感器对应人的视觉器官；气敏传感器对应人的嗅觉器官；声敏传感器对应人的听觉器官；化学传感器对应人的味觉器官；压敏、温敏、流体传感器对应人的触觉器官。传感器就像人一样具有敏感的感觉功能，人类五官获取信息是通过感觉细胞将非电量（光、声、温度、湿度、压力、质量、香味、臭味、酸、甜、苦、辣等）变成电脉冲，电脉冲通过神经将其送至大脑，使人感知到信息（图4-8）。

图4-8　传感器模仿人的感觉器官获取信息

可以从不同的角度对传感器进行分类。

1. 根据传感器工作原理

根据工作原理，传感器可分为物理型传感器、化学型传感器和生物型传感器。

物理型传感器是利用被测量物质的某些物理性质发生明显变化的特性制成的，主要依据力、热、光、电、磁和声等物理效应，将被测信号量的微小变化转换成电信号变化。

化学型传感器是利用能把化学物质的成分、浓度等化学量的变化转化成电信号的敏感元件，主要依据化学吸附、电化学反应等将被测信号量的微小变化转换成电信号。

生物型传感器是利用各种生物或生物物质的特性将被测信号量的微小变化转换成电信号变化，主要依据生物酶、抗体和激素等分子识别和检测生物体内的化学成分。

2. 根据传感器感官特性

根据基本感知功能传感器可分为热敏元件、光敏元件、气敏元件、力敏元件、磁敏元件、湿敏元件、声敏元件、放射线敏感元件、色敏元件和味敏元件十大类（还有人曾将敏感元件分为46类）。

3. 按照传感器的输出信号

按照输出信号，传感器可分为模拟传感器、数字传感器、膺数字传感器和开关传感器。

模拟传感器：将被测量的非电学量转换成模拟电信号。

数字传感器：将被测量的非电学量转换成数字输出信号（包括直接和间接转换）。

膺数字传感器：将被测量的信号量转换成频率信号或短周期信号（包括直接和间接转换）。其输出信号接近开关或光电开关状态，因为输出信号以脉冲的方式提供给控制器，也就是可以作为数字式的信号来用。膺数字传感器的代表有旋转编码器，如增量型旋转编码器，旋转一圈输出固定的脉冲数，如 1 000 脉冲，则转一圈输出 1 000 脉冲，通过这个功能可以测量长度、速度等。

开关传感器：当一个被测量的信号达到某个特定的阈值时，传感器相应地输出一个设定的低电平或高电平信号。

4. 按照传感器材料

在外界因素的作用下，所有材料都会做出相应的、具有特征性的反应。它们中的哪些具有功能特性的材料被用来制作传感器的敏感元件，就可以根据所应用的材料来分类，如金属聚合物、陶瓷混合物、导体绝缘体或半导体磁性材料、单晶或多晶非晶材料等。

5. 按照传感器的制造工艺

按照制造工艺，传感器可分为集成传感器、薄膜传感器、厚膜传感器和陶瓷传感器。

集成传感器采用标准的生产硅基半导体集成电路的工艺技术制造。利用微电子工艺，将敏感元件连同信号处理电子线路制作在一块半导体芯片上，易于制作多传感器、智能传感器。

薄膜传感器是通过沉积在介质衬底（基板）上的、相应敏感材料的薄膜形成的。使用混合工艺时，同样可将部分电路制造在此基板上。

厚膜传感器是利用相应材料的浆料涂覆在陶瓷基片上制成的，然后进行热处理，使厚膜成型。

陶瓷传感器：采用标准的陶瓷工艺或其某种变种工艺（溶胶-凝胶等）生产。

在制作厚膜传感器和陶瓷传感器时，完成适当的预备性操作之后，已成型的元件通过高温进行烧结。厚膜和陶瓷传感器这两种工艺之间有许多共同特性，在某些方面，可以认为厚膜工艺是陶瓷工艺的一种变型。

目前主要采用陶瓷和厚膜传感器，因为这两类传感器参数具有高稳定性。

6. 按能量关系

按能量关系，传感器可分为有源传感器和无源传感器。有源传感器能将非电能量转换为电能量，也称为能量转换型传感器，通常配有电压测量和放大电路。光电式传感器、热电式传感器属此类传感器。

无源传感器本身不能换能，被测非电量仅对传感器中的能量起控制或调节作用，所以必须具有辅助能源（电源），故又称为能量控制型传感器。电阻式、电容式和电感式等参数型传感器属此类传感器，此类传感器通常使用的测量电路有电桥和谐振电路。

7. 按测量方式

按测量方式，传感器分为接触式传感器和非接触式传感器。接触式传感器与被测物体接触，如电阻应变式传感器和压电式传感器。非接触式传感器与被测物体不接触，如光电式传感器、红外线传感器、涡流式传感器和超声波传感器等。

总之，由于传感器种类很多，一种传感器可以测量几种不同的被测量，而同一种被测量可以用几种不同类型的传感器来测量。再加上被测量要求千变万化，为此选用的传感器也不同。

小知识　传感器与胡志明小道

20世纪60年代越战期间，越南北方通过老挝和柬埔寨境内的秘密通道——胡志明小道向南方输送军用物资和人员。胡志明小道处于密林中，美军很难发现。为了切断这条运输通道，美军对其狂轰滥炸，但效果不大。

后来，美军在胡志明小道投下2万多枚被称为"热带树"的战场传感器系统，为轰炸机提供准确的信息。"热带树"由震动和声响传感器组成。传感器落地后插入泥土中，仅露出伪装成树枝的无线电天线，因而被称为"热带树"。当人员和车辆在其附近活动时，"热带树"便探测到目标产生的震动和声音信息，并通过无线电通信传送到指挥中心（图4-9）。

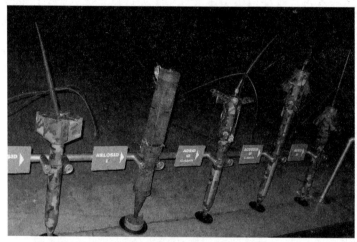

图4-9　"热带树"震动和声响传感器

美军散布的传感器种类繁多。第一种是震动传感器，它设在地表层，能将目标引起的地面震动信号转化为电信号，放大后发给监控中心。第二种是声响传感器，这种传感器就像常见的"话筒"一样，可以把目标发出的声音信号转变为电信号发给监控中心，再还原为声音信号以进行识别。声响传感器分辨力强，探测范围大，同时耗电量也较大，通常只能受人工指令信号控制探测，或者与耗电少的震动传感器联用。平时震动传感器工作时，声响传感器则关机，等震动传感器探测到目标后再启动声响传感器。第三种是磁性传感器，它能连续发出无线电信号形成一个静磁场，当铁磁金属制成的物体进入其中时，会感应产生一个新磁场，扰动原来的静磁场并产生电信号，从而实现对携带武器的人和车辆的探测。磁性传感器鉴别目标性质的能力较强，反应速度也较快。另外，美军还布撒了靠发出红外光或捕捉热辐射来探测目标的红外传感器及在地面埋设应变电缆、通过受到的压力来报警的压力传感器。

案例 4-2　汽车上有多少传感器

汽车传感器把汽车运行中各种工况信息，如车速、各种介质的温度、发动机运转工况等，转换成电信号输给计算机，以便发动机处于最佳工作状态。车用传感器很多，下面来认识一下汽车上的主要传感器。

（1）空气流量传感器。空气流量传感器将吸入的空气转换成电信号送至电控单元，作为决定喷油的基本信号之一。

（2）进气压力传感器。进气压力传感器可以根据发动机的负荷状态测出进气管内的绝对压力，并转换成电信号和转速信号一起送入计算机，作为决定喷油器基本喷油量的依据。

（3）节气门位置传感器。节气门位置传感器安装在节气门上，用来检测节气门的开度。它通过杠杆机构与节气门联动，进而反映发动机的不同工况。此传感器可把发动机的不同工况检测后输入电控单元，从而控制不同的喷油量。

（4）曲轴位置传感器，也称曲轴转角传感器，是计算机控制的点火系统中最重要的传感器，其作用是检测上止点信号、曲轴转角信号和发动机转速信号，并将其输入计算机，从而使计算机能按气缸的点火顺序发出最佳点火时刻指令。

（5）爆震传感器。爆震传感器安装在发动机的缸体上，随时监测发动机的爆震情况。

现代汽车技术的发展特征之一就是越来越多的部件采用电子控制。汽车传感器过去单纯用于发动机上，现在已扩展到底盘、车身和灯光电气系统。这些系统采用的传感器有 100 多种。根据传感器的作用，可以将其分类为具备测量温度、压力、流量、位置、气体浓度、速度、光亮度、干湿度、距离等功能的传感器，它们各司其职，一旦某个传感器失灵，对应的装置工作就会不正常，甚至不工作。因此，传感器在汽车上是很重要的（图 4-10）。

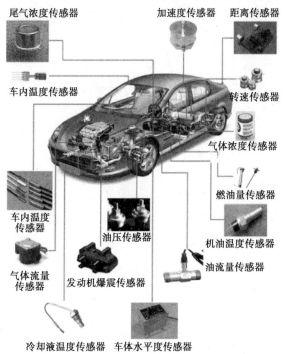

图 4-10　汽车上的传感器

4.1.3　传感器的特性

如何选择传感器，需要依据其特性。传感器的特性主要指它的静态特性和动态特性。

1. 传感器的静态特性

传感器的静态特性是指测量仪器在被测物理量处于稳定状态时输出量与输入量之间具有的相互关系。因为这时输入量和输出量都和时间无关，所以它们之间的关系，即传感器的静态特性可用一个不含时间变量的代数方程来描述，主要参数有迟滞、重复性、灵敏度等。

1）线性度

传感器实际的静态特性输出是曲线而非直线，在实际工作中，为使仪表具有均匀刻度的读数，常用一条拟合直线近似地代表实际的特性曲线，线性度就是这个近似程度的一个性能指标（图4-11）。

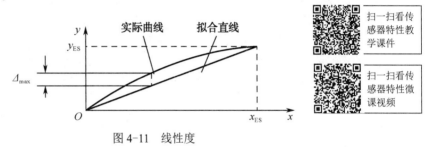

图4-11　线性度

扫一扫看传感器特性教学课件

扫一扫看传感器特性微课视频

线性度定义为在全量程范围内实际特性曲线与拟合直线之间的最大偏差值与满量程输出值之比。

2）灵敏度

灵敏度是传感器静态特性的一个重要指标，其定义为输出量的增量与引起该增量的相应输入量增量之比，用 K 表示。

当输入变化为Δx 时，灵敏度 $k(x)=\Delta y/\Delta x$。例如，某位移传感器，在位移变化 1 mm 时，输出电压变化为 200 mV，则其灵敏度应表示为 200 mV/mm。

3）迟滞

传感器在输入量由小到大（正行程）及输入量由大到小（反行程）变化期间其输入/输出特性曲线不重合的现象称为迟滞。对于同一大小的输入信号，传感器的正/反行程输出信号大小不相等，这个差值称为迟滞差值（图4-12）。迟滞大小一般由实验方法测得。

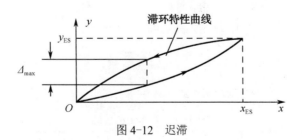

图4-12　迟滞

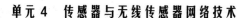

4）重复性

重复性是指传感器在输入量按同一方向做全量程连续多次变化时，所得特性曲线不一致的程度（图 4-13）。

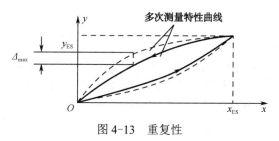

图 4-13　重复性

5）漂移

传感器无输入（或某一输入值不变）时，每隔一段时间进行读数，其输出偏离零值（或原指示值），即为漂移。产生漂移的原因来自两个方面：一是传感器自身结构参数；二是周围环境（如温度、湿度等）。其中由受温度影响而形成的漂移又称为热灵敏度漂移。

2. 传感器的动态特性

所谓动态特性，是指传感器在输入变化时它的输出特性。在实际工作中，传感器的动态特性常用它对某些标准输入信号的响应来表示。这是因为传感器对标准输入信号的响应容易用实验方法求得，并且它对标准输入信号的响应与它对任意输入信号的响应之间存在一定的关系，往往知道了前者就能推定后者。最常用的标准输入信号有阶跃信号和正弦信号两种，所以传感器的动态特性也常用阶跃响应和频率响应来表示。

示例：

将一支热电偶从温度为 t_1 的冷水中迅速插入温度为 t_2 的热水中（插入时间不计），此时测量的水温从 t_1 迅速上升到 t_2，但热电偶要反映出来温度从 t_1 变化到 t_2 则需要经历一段时间，即有一个过渡过程。

4.1.4　典型传感器

 扫一扫看应变片式传感器教学课件　 扫一扫看应变片传感器微课视频

1. 应变片式传感器

应变片式传感器已成为目前非电量电测技术中非常重要的检测工具，广泛应用于工程测量和科学实验中。它具有以下几个特点：

（1）精度高，测量范围广。

（2）频率响应特性较好。一般电阻应变片式传感器的响应时间为 710 s，半导体应变片式传感器可达 1110 s，若能在弹性元件设计上采取措施，则应变式传感器可测几十甚至上百千赫兹的动态过程。

（3）结构简单，尺寸小，质量轻，因此应变片粘贴在被测试件上对其工作状态和应力分布的影响很小，同时使用、维修方便。可在高（低）温、高速、高压、强烈振动、强磁场及核辐射和化学腐蚀等恶劣条件下正常工作。

（4）易于实现小型化、固态化。随着大规模集成电路工艺的发展，目前已实现将测量电路甚至 A/D 转换器与传感器组成一个整体。传感器可直接接入计算机进行数据处理。

（5）价格低廉，品种多样，便于选择。

电阻应变片式传感器是利用电阻应变片将应变转换为电阻变化的传感器，传感器通过在弹性元件上粘贴电阻应变敏感元件制成。日常使用的台式秤就属于这种（图4-14）。

1）工作原理

电阻应变片的工作原理是基于应变效应，即当金属导体或半导体在受外力作用时，会发生机械形变，其电阻值随着所受机械变形（伸长或缩短）的变化而发生变化（图4-15）。其中半导体材料在受到外力作用时，其电阻率ρ发生变化的现象叫应变片的压阻效应。利用电阻应变片，将金属的应变转换成电阻值的变化，从而将力学量转换成电学量（图4-16）。

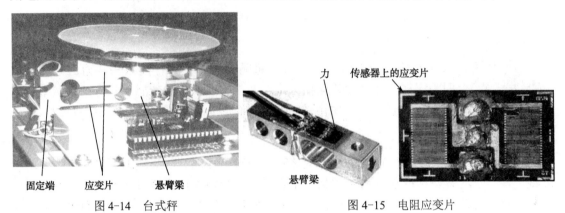

固定端　　　应变片　　　悬臂梁　　　　　　　悬臂梁

图4-14　台式秤　　　　　　　　　　　图4-15　电阻应变片

电阻值依据公式计算：

$$R = \rho L/S$$

式中，ρ为电阻丝的电阻率；L为电阻丝长度；S为电阻丝截面积。当导体或半导体受到外力作用时被拉伸或压缩，从而引起电阻的变化（图4-17）。因此通过测量阻值的大小，可以反映外界作用力的大小。

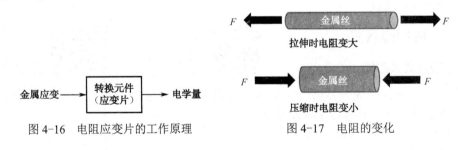

图4-16　电阻应变片的工作原理　　　　图4-17　电阻的变化

2）电阻应变片的类型

传感器中的电阻应变片具有金属的应变效应，即在外力作用下产生机械形变，从而使电阻值随之发生相应的变化。电阻应变片品种繁多，形式多样，但常用的应变片可分为金属电阻应变片和半导体电阻应变片两类。金属应变片有金属丝式、箔式、薄膜式之分。半导体应变片具有灵敏度高（通常是丝式、箔式的几十倍）、横向效应小等优点。

（1）丝式应变片是金属电阻应变片的典型结构，是将一根高电阻率金属丝（直径为0.025 mm 左右）绕成栅形，粘贴在绝缘的基片和覆盖层之间并引出导线制成的（图4-18）。这种应变片制作简单、性能稳定、成本低、易粘贴。

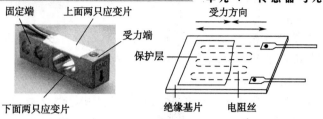

图 4-18　丝式应变片

（2）箔式应变片是利用光刻、腐蚀等工艺制成的一种很薄的金属箔栅，其厚度一般在 0.003～0.01 mm 之间。它们的优点是敏感栅的表面积和应变片的使用面积之比大，散热条件好，允许通过的电流较大，灵敏度高，工艺性好，可制成任意形状，易加工，适于成批生产，成本低（图 4-19）。由于上述优点，箔式应变片在测试中得到了广泛的应用，在常温条件下，有逐步取代丝式应变片的趋势。

（3）薄膜应变片是采用真空蒸发或真空沉淀等方法在薄的绝缘基片上形成厚度为 0.1 μm 以下的金属电阻薄膜的敏感栅，最后再加上保护层（图 4-20）。它的优点是应变灵敏度系数大，允许电流密度大，工作范围广，易实现工业化生产。

图 4-19　箔式应变片

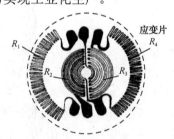

图 4-20　薄膜应变片

（4）半导体应变片常用硅或锗等半导体材料作为敏感栅，一般为单根状。半导体应变片的突出优点是灵敏度高，比金属丝式高 50～80 倍，尺寸小，横向效应小，动态响应好。

3）测量电路

电阻应变计可把机械量变化转换成电阻变化，但电阻变化量一般很小，用普通的电子仪表很难直接检测出来。这么小的电阻变化必须用专门的电路才能测量。测量电路把微弱的电阻变化转换为电压的变化，电桥电路就是实现这种转换的电路之一（图 4-21）。

为了提高电桥的灵敏度或进行温度补偿，往往在桥臂中安置多个应变片。电桥也可采用四等臂电桥，如图 4-22 所示。

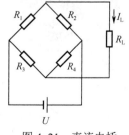

图 4-21　直流电桥

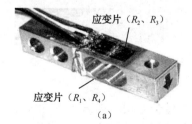

（a）　　　　　　　　　（b）

图 4-22　四等臂电桥

示例：

用电阻应变片测量桥梁固有频率。桥梁固有频率测量可用来判断桥梁结构的安全状况，对重要桥梁通常每年进行一次测量。当桥梁固有频率发生变化时，说明桥梁结构有变化，应进行仔细的结构安全检查。

桥梁固有频率测量可在桥梁中部的桥身上粘贴应变片，形成半桥或全桥的测量电路，如图 4-23 所示。然后用载重 20 t、30 t 的卡车以 40 km/h、80 km/h 的速度通过大桥。在桥梁中部的桥面上设置一个三角枕木障碍，当前进中的汽车遇到障碍时对桥梁形成一个冲击力，激起桥梁的脉冲响应振动。用应变片测量振动引起的桥身应变，从应变信号中就可以分析出桥梁的固有频率。

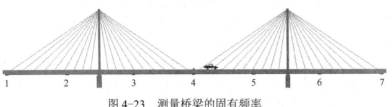

图 4-23　测量桥梁的固有频率

扫一扫看霍尔传感器教学课件

扫一扫看霍尔传感器微课视频

2. 霍尔传感器

霍尔传感器是根据霍尔效应制作的一种磁场传感器。霍尔效应是磁电效应的一种，这一现象是霍尔（A.H.Hall，1855—1938）于 1879 年在研究金属的导电结构时发现的。后来发现半导体、导电流体等也有这种效应，而半导体的霍尔效应比金属强得多。

什么是霍尔效应？若在图 4-24 所示的金属或半导体薄片两端通以电流 I，并在薄片的垂直方向向下施加磁感应强度为 B 的磁场，那么在垂直于电流和磁场的方向上将产生电动势（称为霍尔电动势或霍尔电压）。这种现象称为霍尔效应。

利用这种现象制成的各种霍尔元件，如磁罗盘、磁头、电流传感器、非接触开关、接近开关、位置传感器、角度传感器、速度传感器、加速度传感器、压力变送器、无刷直流电动机及各种函数发生器、运算器等，广泛地应用于工业自动化技术、检测技术及信息处理等方面（图 4-25）。

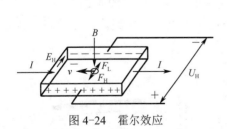

图 4-24　霍尔效应

图 4-25　各种霍尔元件

示例：

霍尔式无刷电动机取消了换向器和电刷，而采用霍尔元件来检测转子和定子之间的相对位置，其输出信号经放大、整形后触发电子线路，从而控制电枢电流的换向，维持电动机的正常运转。由于无刷电动机不产生电火花且不存在电刷磨损等优点，其在录像机、CD

唱机、光驱等家用电器中得到越来越广泛的应用。无刷直流电动机因其无电刷和机械换向器，不需要减速装置，噪声低等优点，被广泛应用于电动自行车中。旋转手柄、调节磁铁和霍尔元件之间的距离，电路会输出相应的电压，从而控制车速（图 4-26）。

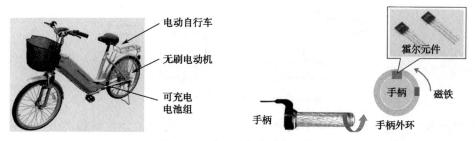

图 4-26　电动自行车霍尔元件

3. 超声波传感器

超声波传感器是利用超声波的特性研制而成的传感器。超声波是一种振动频率高于声波的机械波，由换能晶片在电压的激励下发生振动而产生，它具有频率高、波长短、绕射现象弱等特点，特别是方向性好，能够成为射线而定向传播。超声波对液体、固体的穿透本领很强，尤其是在阳光无法透过的固体中，它可穿透几十米的深度。超声波碰到杂质或分界面会产生显著反射形成反射回波，碰到活动物体能产生多普勒效应，因此超声波检测广泛应用在工业、国防、生物医学等方面。

以超声波作为检测手段，必须产生超声波和接收超声波。完成这种功能的装置就是超声波传感器，习惯上称为超声换能器，或者超声波探头（图 4-27）。

超声波探头主要由压电晶片组成，既可以发射超声波，也可以接收超声波（图 4-28）。

图 4-27　各种超声波探头

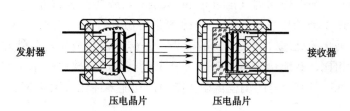

图 4-28　超声波探头

压电晶片是一种压电式传感元件，它既可以将机械能转换为电能，又可以将电能转换为机械能。如果对晶体施加交变电压，晶体就会产生振动，这样就将电振荡转变为机械振动，当频率适当时便产生超声波。这就是超声波发射器的工作原理（图 4-29）。

图 4-29　超声波发射器的工作原理

扫一扫看超声波传感器教学课件

扫一扫看超声波传感器微课视频

当晶体受到压力 F_1 时，晶体的表面产生上正、下负的电荷；而当晶体受到拉力 F_2 时，晶体的表面产生上负、下正的电荷。超声波对晶体周期性地施加 F_1 和 F_2，其表面就会产生正、负交变的电场。这就是超声波接收器的工作原理（图 4-30）。

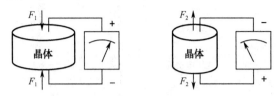

图 4-30 超声波接收器的工作原理

在工业中，经常使用一种称为耦合剂的液体物质，使之充满在接触层中，起到传递超声波的作用。常用的耦合剂有自来水、机油、甘油、水玻璃、胶水、化学糨糊等。

当超声波发射器与接收器分别置于被测物两侧时，这种类型称为透射型。透射型可用于遥控器、防盗报警器、接近开关等。超声波发射器与接收器置于同侧的属于反射型，反射型可用于接近开关、测距、测液位或物位、金属探伤及测厚等。

示例：

超声波测厚由探头发射超声振动脉冲，超声脉冲到达试件底面时被反射回来，并被探头再次接收。只要测出从发射超声波脉冲到接收超声波脉冲所需的时间 t，再乘以被测体的声速常数 c，就得到超声脉冲在被测件中所经历的往返距离，再除以 2，就得到厚度 δ（图 4-31）。

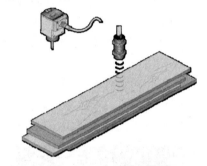

图 4-31 木材厚度测量

4. 智能传感器

智能传感器（Intelligent Sensor）是具有信息处理功能的传感器。智能传感器带有微处理器，具有采集、处理、交换信息的能力，是传感器集成化与微处理器相结合的产物。与一般传感器相比，智能传感器具有以下三个优点：通过软件技术可实现高精度的信息采集，而且成本低；具有一定的编程自动化能力；功能多样化（图 4-32）。

图 4-32 智能传感器的优点

1）智能传感器的典型结构

智能传感器主要由传感器、微处理器及相关电路组成，传感器将被测的物理量转换成相应的电信号，送到信号处理电路中，进行滤波、放大、模-数转换后，送到微处理器中。微处理器是智能传感器的核心，它不但可以对传感器测量数据进行计算、存储、数据处理，还可以通过反馈回路对传感器进行调节（图 4-33）。由于微处理器能充分发挥各种软件的功能，可以完成硬件难以完成的任务，从而大大降低了传感器制造的难度，提高了传感

器的性能，降低了成本。

图 4-33　智能传感器的结构

2）智能传感器的功能

智能传感器的功能主要有数字信号输出、信息存储与记忆、逻辑判断、决策、自检、自校、自补偿等。

（1）复合敏感功能。能够同时测量声、光、电、热、力、化学等多个物理和化学量，给出比较全面反映物质运动规律的信息，如同时能测量介质的温度、流速、压力和密度的复合液体传感器；同时测量物体某一点的三维振动加速度、速度、位移的复合力学传感器。

（2）自补偿和计算功能。只要能保证传感器的重复性好，就可以实现温度漂移补偿、非线性补偿、零位补偿、间接量计算等功能。

（3）自检测、自校正、自诊断功能。智能传感器具有上电自诊断、设定条件自诊断或利用 E^2PROM 中的计量特性数据自校正功能。

（4）信息存储和数据传输功能。用通信网络以数字形式实现传感器测试数据的双向通信，是智能传感器的关键标志之一。利用双向通信网络，可设置智能传感器的增益、补偿参数、内检参数，并输出测试数据。

案例 4-3　智能手机中的传感器

智能手机之所以受到大家的欢迎，与其具有的娱乐功能分不开。智能手机支持那么多的娱乐应用，归根结底在于它里面集成的各类传感器，主要有重力感应器、加速度传感器、陀螺仪、电子罗盘和光线距离感应器等。下面介绍一下各类传感器的用处。

1）重力感应器

在 iOS、Android 平台中，很多游戏都运用到重力感应器，如极品飞车系列（图 4-34）、现代战争系列等，它们带给用户新鲜的体验。何谓重力感应技术？简单来说它通过测量内部一片重物重力、正交两个方向分力的数值来判别水平方向。

2）三轴加速度传感器

三轴加速度传感器是手机中另一个非常重要的传感器，可以根据重力感应产生的加速度来推算出手机相对于水平面的倾斜度。手机中甩歌功能、微信中摇一摇（图 4-35）都是利用它实现的。此外，游戏中也经常需要用到它，赛车中的漂移触发就是来源于此。

3）电子罗盘

电子罗盘可以用来感知方位，这在无 GPS 信号或网络状态不好的时候很有用处。它是通过地球磁场来进行分辨的，紧急情况下可以当作指南针使用，感知东、南、西、北的方向。

图 4-34　极品飞车系列

图 4-35　摇一摇

4）三轴陀螺仪

三轴陀螺仪可以利用角动量守恒原理，判别物体在空间中的相对位置、方向、角度和水平变化。著名游戏《现代战争3》就是靠陀螺仪来进行瞄准射击的。

案例 4-4　基于声信息的智能化鱼群自动给食系统

在大规模渔场养殖过程中，有效的给食管理对于渔业养殖有着重要的经济与环保意义。因为过度给食，将使得 FCR（Fish Conversion Ration，鱼食转换比=给食量/生长量）下降，过剩的食物将会引来微生物的争夺，从而带来水质的污染，影响鱼成长的生态环境；同时，这些食物也为野生鱼类生成提供了条件，造成高成本精饲料的损耗。另一方面，不足的给食显然会影响鱼的生长速度，增加鱼之间由于竞食而产生的压力，导致 FCR 下降，影响产量。因此，寻求最佳给食方案是实现有效给食管理的目标之一。若能通过测量鱼在进食前、后的状态与其食物需求之间的关系，在此基础上为给食量、摄食时间、频率、心理状态、检测外部侵袭等提供一定的辅助信息，则可确定动态的给食策略，保证给食量与鱼本身的食欲之间的匹配，制订最佳给食方案，构建自动给食系统，提高渔场的信息化水平，增加经济收益。这是一个典型的物联网应用问题，但在实际渔场环境中，由于鱼的高密度及水质的混浊，不易对鱼的食欲变化进行可视化观测，解决这一问题成为一项具有挑战性的任务。国外的相关学者就此问题分别从光学、水质变化、鱼声学等角度进行了大量研究。有一种基于声传感器阵列的智能化给食方案，通过水听器监测鱼声信号，并通过一定的算法，将鱼声信号与其摄食、产卵、生病、竞争、外侵等实际状态联系起来，构建鱼群状态监测与自动给食系统，并可将动态信息通过手机或者其他方式发送给用户。由于声信号本身在水中传输损耗较低，加之鱼的高密度及水质的混浊，不易对鱼的食欲变化进行可视化观测，因此利用声信号来观测、研究其摄食状态特征具有一定的优势。

1）系统的总体架构

如图 4-36 所示为基于声传感阵列的鱼类智能给食系统的总体架构。

从物联网架构的角度来看，整个自动给食系统分为以下四层。

（1）感知层：通过水听器阵列，感知鱼在水下的声信息。

（2）传输层：能通过 DAQ（数据采集）设备，将水听器阵列测得的鱼声信号通过有线或者无线方式传送到远程基站或者处理节点。

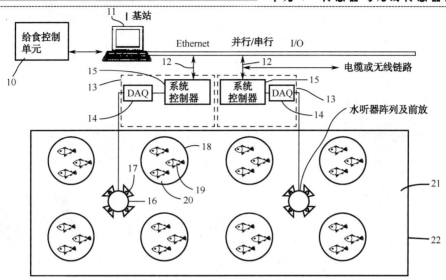

图 4-36　基于声传感阵列的鱼类智能给食系统的总体架构

（3）处理层：远程的数据处理中心，集中对相关数据进行必要的计算，得到关于鱼类摄食情况的判断。

（4）控制层：将处理结果传送至给食装置，实现自动给食。

最核心的部分数据采集与传输系统是基于 LabVIEW 来实现的，如图 4-37 所示。

硬件系统由 NI 的动态信号采集卡来完成（如 NImyDAQ），软件则用 LabVIEW 编写数据采集应用软件和 NImyDAQ 的驱动程序。系统和被测信号之间通过传感器（水听器）连接。水听器的功能是将被测声音信号转换为电信号，水听器感测到的微弱鱼声信号，经过其内置的低噪声放大器后，传输到采集卡，采集卡在 LabVIEW 软件的驱动与控制下，实现对信号的放大、滤波、阻抗变换等调节环节，并实现 A/D 采样，采样频率可通过 LabVIEW 集成环境进行设置。

2）主要组成与功能描述

（1）传感器阵列标准水听器用于液体中（主要是水中）作为声学测量的电声接收换能器，它的灵敏度（自由场灵敏度或声压灵敏度）是经过准确校准的，其声学性能应符合所规定的要求。目前在各种水听器中只有用压电晶体或压电陶瓷作敏感元件的压电型水听器。国际电工委员会（IEC）制定的国际标准"IEC-500（1974）《标准水听器》"对压电型标准水听器的声学性能做出了规定，如灵敏度应在-180～-200 dB 之间；频响特性在三个十倍程范围内起伏不大于±1.5 dB；动态范围大于 60 dB；时间稳定性为一年校准一次而无可觉察的变化；水平方向的指向性是无向的，其偏差不超过+0、-3 dB；灵敏度随静压（水深）、温度等的许可变化范围。

RHSA 系列标准水听器如图 4-38 所示，是由中船重工第 715 研究所设计制造，与国外产品相比其性价比更优。一种内置前置放大器的水听器，前放电压为+12 V，检测装置频率 $f \leqslant 160$ Hz，其灵敏度 $M \leqslant 175$ dB；检测装置频率范围为 1.25～10.00 kHz，其灵敏度 $M \leqslant 181$ dB。其主要特点如下：

① 声压灵敏度可以根据需要进行调节。通过调节前置放大器的增益，可以改变水听器声压灵敏度，满足实际测量的需要。

② 适于长距离信号传输。前置放大器将压电元件的高阻抗转变为低阻抗，大大降低了由于长电缆引起的耦合损失，减小了传输过程中的电磁干扰。

图 4-37　基于 LabVIEW 的鱼声数据采集系统框图　　　图 4-38　RHSA 系列水听器

（2）信号采集卡 NImyDAQ 是 NI 公司设计的一款兼具便携式和其他一系列功能的基于 USB 的数据采集卡。用户可以方便地使用 NImyDAQ 进行实际信号的测试和分析，不受时间、地点的限制。其功能包括：模拟输入（AI）（Analog Input）、模拟输出（AO）（Analog Output）、数字 I/O（DIO）（Digital Input and Output）、音频测试、电源、数字万用表（DMM）。NImyDAQ 的外形如图 4-39 所示。

（3）软件部分。基于 LabVIEW 鱼声采集系统的软件由 MAX 管理软件、NImyDAQ 驱动软件和测试应用软件构成，其构成如图 4-40 所示。其中 MAX 管理软件和驱动软件一起由 NI 公司提供，NI 测试与自动化资源管理器（MAX）能自动检测在同一个系统中的数据采集、GPIB、FieldPoint、PXI 和 VXI 所有设备，并让你交互式地对它们进行配置。数据采集软件为自行设计编写的虚拟仪器测试应用软件。设计采用了主/从设计模式，该模式有主循环和从循环两个循环结构。主循环和从循环之间的同步通过通知器实现。主循环始终保持执行状态，并向一到多个从循环发送通知，使其执行代码。从循环收到通知后，将连续执行循环内部的代码直到完成任务为止，然后等待下一个通知。与该模式相比，生产者/消费者模式仅当队列中仍有数据时，消费者循环才会执行。采用该模式可以实现一边采集数据一边进行数据分析。

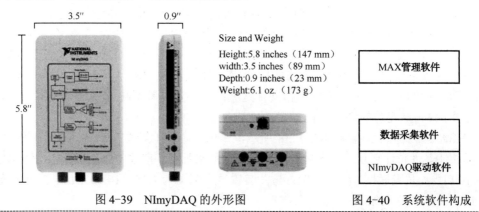

图 4-39　NImyDAQ 的外形图　　　图 4-40　系统软件构成

软件设计流程图如图 4-41 所示。

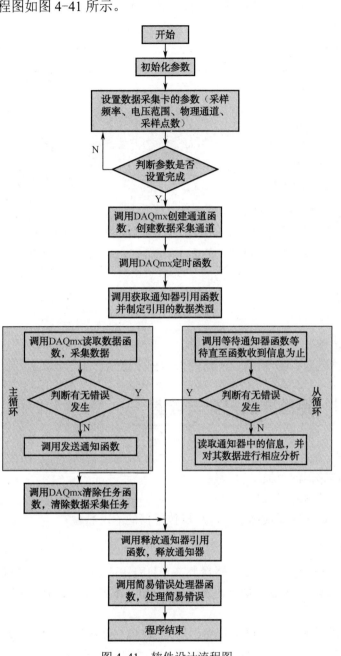

图 4-41 软件设计流程图

基于 LabVIEW 编译环境所设计的鱼声信息采集系统的应用软件，具有图形化的人机交互界面，用户操作使用方便，其前面板如图 4-42 所示。程序运行后，先设置数据采集的相关参数，设置完成后按下"采集"按钮，开始数据采集；按下"分析"按钮显示信号分析的方法复选框，可以选择功率谱和联合时频分析。如果单选择"功率谱"，则在显示区内只显示功率谱的波形图；如果单选择"联合时频"，则在显示区内只显示联合时频分析的波形图；如果"功率谱"和"联合时频"均选择，则在显示区内以两个波形图的

方式同时显示功率谱和联合时频分析的波形图。最后按下"停止"按钮程序停止数据采集，当所有队列中的数据全部被读取后程序停止运行。

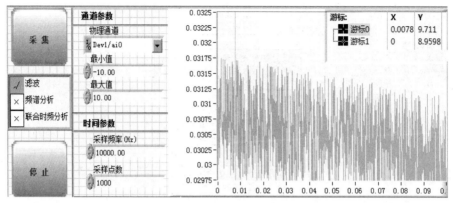

图 4-42　基于 LabVIEW 的鱼声信息采集系统测试应用软件的前面板

思考与问答 4-1

（1）什么是传感器，传感器分为哪几类？

（2）常见的传感器有哪些?请以表格的形式列出这些传感器的关键性能参数。

训练任务 4-1　传感器的分类与选型

1. 任务目的

（1）能进行传感器的分类。

（2）了解典型的传感器。

（3）能根据特定传感器数据手册，分析传感器的静态特性。

2. 任务要求

（1）按照被测量分类将下列传感器归类:ADXL363 惯性传感器、TC77 温度传感器、MQ-5 可燃气体传感器、MQ-2 烟雾传感器、ADXL345 加速度传感器、MPS20N0040D 压力传感器。

（2）查阅数据手册，分析以下传感器静态性能（从灵敏度、重复性、迟滞、线性度等方面分析）：OS136 红外温度传感器、ADXL345 加速度传感器。

（3）分组讨论完成，每组 3～5 人。

（4）提交任务计划报告：包括但不限于任务目标、任务内容、分工计划。

（5）提交传感器分类及静态特性分析报告，包括但不限于任务要求中的内容。

（6）提交能证明每个组员参与本任务的实证资料。

3. 任务评价

（1）小组汇报。

（2）评价要点（表4-1）。

表4-1　评价要点

序号	评 价 内 容	分　值
1	传感器的基本参数识别	20
2	传感器的分类方法	20
3	传感器的静态特性识别	20
4	信息安全防范意识	10
5	工作任务所需信息收集	10
6	报告编写规范性	20

扫一扫看什么是无线传感器网络教学课件

扫一扫看什么是无线传感器网络微课视频

4.2　无线传感器网络

无线传感器网络（WSN）是信息科学领域中一个全新的发展方向，同时也是新兴学科与传统学科进行领域间交叉的结果。智能传感器将计算能力嵌入到传感器中，使得传感器节点不仅具有数据采集能力，而且具有滤波和信息处理能力；无线智能传感器在智能传感器的基础上增加了无线通信能力，大大延长了传感器的感知触角，降低了传感器的工程实施成本；无线传感器网络则将网络技术引入到无线智能传感器中，使得传感器不再是单个的感知单元，而是能够交换信息、协调控制的有机结合体，实现物与物的互联，把感知触角深入世界各个角落。下面先看一个案例。

案例4-5　无线传感器网络智能交通系统

随着经济的快速发展，生活变得更加快捷，城市的道路也逐渐变得纵横交错，快捷方便的交通在人们生活中占有极其重要的位置，而交通安全问题则是重中之重。城市的道路纵横交错，形成很多交叉口，相交道路的各种车辆和行人都要在交叉口处汇集通过，智能交通中的信号灯控制显示出了越来越多的重要性。

无线传感器网络作为新兴的测控网络技术，是能够自主实现数据的采集、融合和传输等功能的智能网络应用系统。无线传感器网络使逻辑上的信息世界与真实的物理世界紧密结合，从而真正实现"无处不在"的计算模式。虽然汽车由于型号不同而具有不同的结构，但各类汽车中均含有大量的铁磁物质，尤其是汽车底盘均用铁磁材料制造而成。汽车在行驶过程中会对周围的地磁场产生影响，有些汽车甚至可以影响到十几米以外的地球磁场。将磁敏传感器置于道路两侧或路基之下的适当位置便可感应到地磁场的变化，通过磁敏器件的输出信号可以判断出车辆通过的情况，从而实现对车流量进行监测。采用无线传感器网络结合巨磁阻传感器完成交通的智能控制，使相邻十字交叉路口处的无线传感器汇聚节点之间能够进行通信。该系统具有体积小、成本低、便于安装的优点，能够全天候地工作。

传感器采用磁阻传感器，相距 5～10 cm，当有车辆通过时，传感器周围的地磁场发生变化，变化的磁场信号经过信号放大后经 A/D 转换器送入微处理器，微处理器便立即启用定时器记录下车辆通过的时刻，然后开始采集后端传感器的输出信号，当检测到车

物联网技术及应用基础（第2版）

辆后计时器停止计时，重新开始车辆的计数工作，检测下一辆车，系统采用两个传感器能够判断车辆行驶的方向。检测后的信息经处理后发送至收发单元，收发单元将检测信号发送给无线传感器汇聚节点。系统原理框图如图4-43所示。

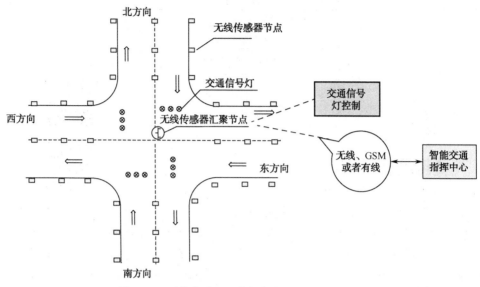

图4-43　无线传感器网络智能交通控制原理框图

安装在道路边的无线传感器节点实时地检测车道上行经的车辆，并能够由远离信号灯的无线传感器节点实时地检测停留在车道上的排队车辆长度；传感器节点将检测到的信息实时发送给无线传感器汇聚节点；汇聚节点根据道路两边布置的传感器发送来的信息，以路面的实际车辆长度为输入量，输出实际控制延长的绿灯时间，最终实现平面交叉口信号灯的控制（图4-44）。

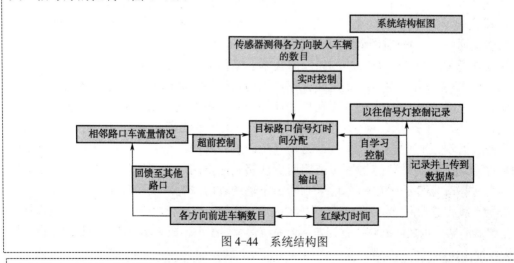

图4-44　系统结构图

小知识　无线传感器网络技术发展背景

1996年，美国UCLA大学的William J Kaiser教授向DARPA提交的"低能耗无线集成微型传感器"揭开了现代WSN网络的序幕。1998年，同是UCLA大学的Gregory J

116

Pottie 教授从网络研究的角度重新阐释了 WSN 的科学意义。在其后的十余年里，WSN 网络技术得到学术界、工业界乃至政府的广泛关注，成为在国防军事、环境监测和预报、健康护理、智能家居、建筑物结构监控、复杂机械监控、城市交通、空间探索、大型车间和仓库管理，以及机场、大型工业园区的安全监测等众多领域中最有竞争力的应用技术之一。美国《商业周刊》将 WSN 网络列为 21 世纪最有影响力的技术之一，麻省理工学院（MIT）技术评论则将其列为改变世界的十大技术之一。

美国从 20 世纪 90 年代开始，就陆续展开分布式传感器网络（DSN）、集成的无线网络传感器（WINS）、智能尘埃（Smart Dust）、AMPS、无线嵌入式系统（WEBS）、分布式系统可升级协调体系结构研究（SCADDS）、嵌入式网络传感器（CENS）等一系列重要的 WSN 网络研究项目。

除美国以外，日本、英国、意大利、巴西等国家也对传感器网络表现出了极大的兴趣，并各自展开了该领域的研究工作。

示例：

美国陆军在俄亥俄州开发了"沙地直线"（A Line in the Sand）系统，这是一个用于战场探测的无线传感器网络系统项目。在国防高级研究计划局的资助下，这个系统能够侦测运动的高金属含量目标，如侦察和定位敌军坦克和其他车辆。

沙地直线项目主要研究如何将低成本的传感器覆盖整个战场，获得准确的战场信息，从而以高度的精确性来看穿"战争迷雾"。沙地直线项目的目的是识别出入侵的物体或目标，入侵目标可以是徒手人员、携带兵器的士兵或车辆。该项目的主要功能包括目标探测、分类和跟踪。沙地直线项目研制的无线传感器网络节点被命名为"超大规模微尘节点"（eXtreme Scale Mote，XSM）。这是一种具有特殊功能的传感器网络节点，技术含量高，能可靠、大范围地实施长久监视。

扫一扫看
WSN 结构
教学课件

扫一扫看
WSN 结构
微课视频

4.2.1　无线传感器网络的体系结构

无线传感网是一个由几十到上百个节点组成的、采用无线通信方式、动态组网的多跳移动性对等网络。无线传感器网络系统通常包括传感器节点、汇聚节点和管理节点（图 4-45）。

大量传感器节点随机部署在监测区域内部或附近，能够通过自组织方式构成网络。传感器节点监测的数据沿着其他传感器节点逐跳进行传输，在传输过程中监测数据可能被多个节点处理，经过多跳后路由到汇聚节点，最后通过互联网或卫星到达管理节点。用户通过管理节点对传感器网络进行配置和管理，发布监测任务及收集监测数据。

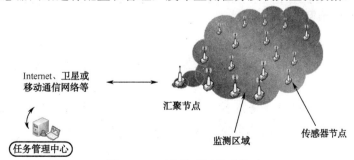

图 4-45　无线传感网络系统

1. 传感器节点

传感器节点处理能力、存储能力和通信能力相对较弱，由小容量电池供电。从网络功能上看，每个传感器节点除了进行本地信息收集和数据处理外，还要对其他节点转发来的数据进行存储、管理和融合，并与其他节点协作完成一些特定任务（图4-46）。

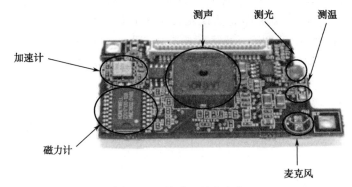

图 4-46　传感器节点实物

传感器节点由传感器模块、处理器模块、无线通信模块和能量供应模块四部分组成，如图 4-47 所示。传感器模块负责监测区域内信息的采集和数据转换；处理器模块负责控制整个传感器节点的操作，存储和处理本身采集的数据及其他节点发来的数据；无线通信模块负责与其他传感器节点进行无线通信，交换控制信息和收发采集数据；能量供应模块为传感器节点提供运行所需的能量，通常采用微型电池。

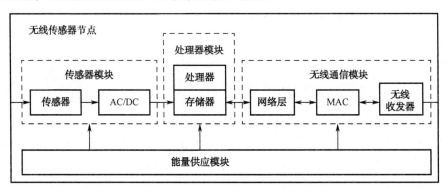

图 4-47　传感器节点

所有的传感器节点地位平等，加入和离开节点都是随意的，没有严格的限制条件。

小知识　节点封装示例

1）万向节固定架设计（图4-48）

特点：表面光滑，可以滚动，自动调整姿态位置，在任何姿态下都能使光线照射到里面的太阳能电池板上。

设计这种罩体的关键是将传感器元件安装在一个万向节机械装置的固定架上，并与罩壳相连，万向节机件可以围绕罩体横轴自由旋转，保证了传感器和天线的方向始终是朝上的。

2）悬垂钟摆式电路板（图 4-49）

特点：底基重量大，在出现意外情况时仍然能够自动正位，保证天线指向天空，自正位，可以由飞机抛撒下来，落地后自动组网。

图 4-48　万向节固定架设计　　　　图 4-49　悬垂钟摆式电路板

2. 汇聚节点

汇聚节点的处理能力、存储能力和通信能力相对较强，它是连接传感器网络与 Internet 等外部网络的网关，实现两种协议间的转换，同时向传感器节点发布来自管理节点的监测任务，并把 WSN 收集到的数据转发到外部网络上。汇聚节点是一个具有增强功能的传感器节点，有足够的能量将 Flash 和 SRAM 中的所有信息传输到计算机中，通过汇编软件，可很方便地把获取到的信息转换成汇编文件格式，从而分析出传感器节点所存储的程序代码、路由协议及密钥等机密信息，同时还可以修改程序代码，并加载到传感器节点中。

3. 管理节点

管理节点用于动态地管理整个无线传感器网络。传感器网络的所有者通过管理节点访问无线传感器网络的资源。

4.2.2　无线传感器网络的特点

 扫一扫看 WSN 特点教学课件

 扫一扫看 WSN 特点微课视频

1. 大规模

为了获取精确信息，在监测区域通常部署大量传感器节点，可能达到成千上万个甚至更多。传感器网络的大规模性包括两方面的含义：一方面是传感器节点分布在很大的地理区域内，如在原始大森林采用传感器网络进行森林防火和环境监测，需要部署大量的传感器节点；另一方面，传感器节点部署很密集，在面积较小的空间内部署了大量的传感器节点。

传感器网络的大规模性具有如下优点：通过不同空间视角获得的信息具有更大的信噪比；通过分布式处理大量的采集信息能够提高监测的精确度，降低对单个节点传感器的精度要求；大量冗余节点的存在，使得系统具有很强的容错性能；大量节点能够增大覆盖的监测区域，减小盲区。

示例：

森林火警系统将成千上万个微型传感器密集地分布在森林中（图 4-50），为传感器节点配备温度计，各传感器通过无线网络相互协作，共同执行分布式感知任务，并将准确的火源信息传送给信息中心。

2. 自组织

在传感器网络应用中，通常情况下传感器节点被放置在没有基础结构的地方，传感器节点的位置不能预先精确设定，节点之间的相互邻居关系预先也不知道，如通过飞机播撒大量传感器节点到面积广阔的原始森林中，或随意放置到人不可到达或危险的区域。这样就要求传感器节点具有自组织能力，能够自动进行配置和管理，通过拓扑控制机制和网络协议自动形成转发监测数据的多跳无线网络系统。

在传感器网络使用过程中，部分传感器节点由于能量耗尽或环境因素而失效，也有一些节点为了弥补失效节点、增加监测精度而补充到网络中，这样在传感器网络中的节点个数就动态地增加或减少，从而使网络的拓扑结构随之动态地变化。传感器网络的自组织性要能够适应这种网络拓扑结构的动态变化。

无线传感器网络的部署可以通过飞行器空投或通过火箭等发射，使传感器节点随机分布在感知区域（图4-51）。

 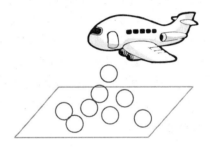

图4-50　森林火警系统微型传感器密集分布　　图4-51　飞行器空投传感器节点

当传感器节点落地之后，这些节点进入自检和启动的唤醒状态，每个传感器节点会发出信号监控并记录周围传感器节点的工作情况，并根据监控到的周围传感器节点的情况，搜寻相邻节点的信息，并建立路由表，每个节点都与周围的节点建立联系，形成一个自组织的无线传感器网络，实现感知所在区域的信息。组成网络的传感器节点根据有效的路由算法选择合适的路径进行数据通信（图4-52）。

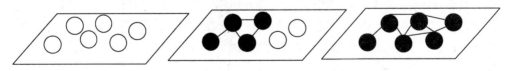

图4-52　自组织无线传感器网络

示例：

佛罗里达宇航中心借助航天器布撒的传感器节点（图4-53）实现对星球表面大范围、长时期、近距离的监测和探索。

3. 动态性

传感器网络的拓扑结构可能因为下列因素而改变：

（1）环境因素或电能耗尽造成的传感器节点故障或失效。

（2）环境条件变化可能造成无线通信链路带宽变化，甚至时断时通。

（3）传感器网络的传感器、感知对象和观察者这三要素都可能具有移动性。

（4）新节点的加入。

这就要求传感器网络系统要能够适应这些变化，具有动态的系统可重构性。

4. 可靠性

WSN 特别适合部署在恶劣环境或人类不宜到达的区域，节点可能工作在露天环境中，遭受日晒、风吹、雨淋，甚至遭到人或动物的破坏。传感器节点往往采用随机部署，如通过飞机撒播或发射炮弹到指定区域进行部署。这些都要求传感器节点非常坚固，不易损坏，适应各种恶劣环境条件。

示例：

在地震监测中（图 4-54），节点移动、断接频繁，均可导致通信失败。由于经常受到高山、建筑物、障碍物等地势地貌，以及风、雨、雷、电等自然环境的影响，因此传感器可能会长时间脱离网络，离线工作。

图 4-53　航天器布撒的传感器节点　　　　　　图 4-54　地震监测

由于监测区域环境的限制及传感器节点数目巨大，不可能人工"照顾"每个传感器节点，网络的维护十分困难甚至不可维护。传感器网络的通信保密性和安全性也十分重要，要防止监测数据被盗取和获取伪造的监测信息。因此，传感器网络的软硬件必须具有鲁棒性和容错性。

5. 以数据为中心

传感器网络是任务型的网络，传感器网络中的节点采用节点编号标识，节点编号是否需要全网唯一，取决于网络通信协议的设计。由于传感器节点随机部署，构成的传感器网络与节点编号之间的关系是完全动态的，因此节点编号与节点位置没有必然联系。用户使用传感器网络查询事件时，直接将所关心的事件通告给网络，而不是通告给某个确定编号的节点，网络在获得指定事件的信息后汇报给用户。这种以数据本身作为查询或传输线索的思想更接近于自然语言交流的习惯，所以通常说传感器网络是一个以数据为中心的网络，用户感兴趣的是数据而不是网络和传感器硬件：用户很少询问"A 节点到 B 节点的连接是如何实现的？"用户经常询问"网络覆盖区域中哪些地区出现毒气？"传感器网络不是以地址为中心的：用户不会询问地址为 27 的传感器的温度是多少，用户感兴趣的是"某个地理位置的温度是多少"。

6. 集成化

传感器节点的功耗低，体积小，价格便宜，实现了集成化。其中，微机电系统技术的快速发展为无线传感器网络节点实现上述功能提供了相应的技术条件，在未来，类似"灰尘"的传感器节点也将会被研发出来。

示例：

胃肠道诊断的微型吞服摄像胶囊（图 4-55）只有维生素 C 片大小，由一个摄像机、LED、电池、特制芯片和天线组成，胶囊经过食道、胃和小肠时就可将图像广播出来。

7. 协作方式执行任务

这种方式通常包括协作式采集、处理、存储及传输信息。通过协作的方式，传感器的节点可以共同实现对对象的感知，得到完整的信息。这种方式可以有效克服处理和存储能力不足的缺点，共同完成复杂任务的执行。在协作方式下，传感器之间的节点实现远距离通信，可以通过多跳中继转发，也可以通过多节点协作发射的方式进行。

4.2.3 传感器网络的结构

 扫一扫看传感器网络的结构教学课件

 扫一扫看传感器网络的结构微课视频

根据节点数目的多少，传感器网络的结构可以分为平面结构和分级结构。如果网络规模小，一般采用平面结构；如果网络规模很大，则必须采用分级网络结构。

1. 平面结构

平面网络结构（图 4-56）是无线传感器网络中最简单的一种拓扑结构，所有节点为对等结构，具有完全一致的功能特性，也就是说每个节点均包含相同的 MAC、路由、管理和安全等协议，所以又称为对等式结构。这种网络结构的优点是结构简单，易维护，具有较好的健壮性，事实上就是一种 Ad hoc 网络结构形式。其缺点是由于没有中心管理节点，故采用自组织协同算法形成网络，其组网算法比较复杂。

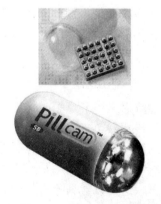

图 4-55　微型吞服摄像胶囊

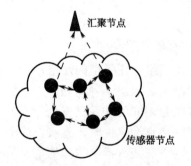

图 4-56　平面网络结构

2. 分级结构

分级网络结构（也叫层次网络结构）是无线传感器网络中平面网络结构的一种扩展拓扑结构，分为上层和下层两部分：上层为中心骨干节点，下层为一般传感器节点。通常网络可能存在一个或多个骨干节点，骨干节点之间或一般传感器节点之间采用的是平面网络结构。具有汇聚功能的骨干节点和一般传感器节点之间采用的是分级网络结构（图 4-57）。

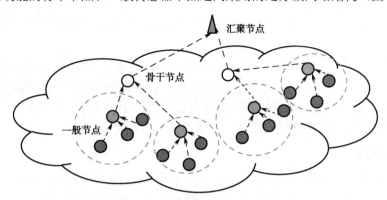

图 4-57   分级网络结构

所有骨干节点均为对等结构，骨干节点和一般传感器节点有不同的功能特性，也就是说每个骨干节点均包含相同的 MAC、路由、管理和安全等功能协议，而一般传感器节点可能没有路由、管理及汇聚处理等功能。这种分级网络通常以簇的形式存在，按功能分为簇首（具有汇聚功能的骨干节点）和成员节点（一般传感器节点）。这种网络拓扑结构扩展性好，便于集中管理，可以降低系统的建设成本，提高网络覆盖率和可靠性。

示例：

2002 年，英特尔的研究小组和加州大学伯克利分校及巴港大西洋大学的科学家把无线传感器网络技术应用于监视大鸭岛海鸟的栖息情况。由于环境恶劣，海燕又十分机警，研究人员无法采用通常方法对位于缅因州海岸大鸭岛上的海燕进行跟踪观察。为此他们使用了包括光、湿度、气压计、红外传感器、摄像头在内的近十种类型传感器共数百个节点，系统通过自组织无线网络，将数据传输到 300 in 外的基站计算机内，再由此经卫星传输至加州的服务器。从那之后，全球的研究人员都可以通过互联网查看该地区各个节点的数据，掌握第一手的环境资料。该系统为生态环境研究者提供了一个极为有效便利的平台（图 4-58）。

图 4-58   大鸭岛生态环境监测

3．混合网络结构

混合网络结构是无线传感器网络中平面网络结构和分级网络结构的一种混合拓扑结构，如图 4-59 所示。

网络骨干节点之间及一般传感器节点之间都采用平面网络结构，而网络骨干节点和一般传感器节点之间采用分级网络结构。这种网络拓扑结构和分级网络结构的不同之处在于一般传感器节点之间可以直接通信，不需要通过汇聚骨干节点来转发数据。这种结构与分级网络结构相比，支持的功能更加强大，但所需硬件成本更高。

4．Mesh 网络结构

Mesh 网络结构是一种新型的无线传感器网络结构，较前面的传统无线网络拓扑结构具有一些结构和技术上的不同。从结构来看，Mesh 网络是规则分布的网络，不同于完全连接的网络结构，通常只允许和节点最近的邻居通信，如图 4-60 所示。网络内部的节点一般都是相同的，因此 Mesh 网络也称为对等网。

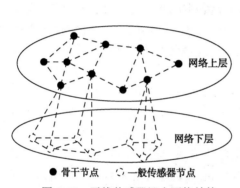

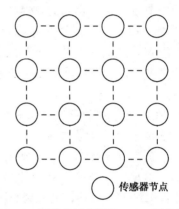

图 4-59　无线传感器混合网络结构　　　图 4-60　无线传感器网络 Mesh 网络结构

Mesh 网络是构建大规模无线传感器网络的一个很好的结构模型，特别是那些分布在一个地理区域的传感器网络，如人员或车辆安全监控系统。尽管这里反映通信拓扑的是规则结构，然而节点实际的地理分布不必是规则的 Mesh 结构形态。

由于通常 Mesh 网络结构节点之间存在多条路由路径，Mesh 网络结构最大的优点就是尽管所有节点都是对等的地位，且具有相同的计算和通信传输功能，但任意一个节点均可被指定为簇首节点，而且可执行额外的功能。一旦簇首节点失效，另外一个节点可以立刻补充并接管原簇首那些额外执行的功能。

案例 4-6　基于无线 Mesh 网络的农作物监测系统

ēKo 系统是美国克尔斯博科技有限公司（Crossbow Technology，Inc）推广的一种基于无线 Mesh 网络实现农作物监测的专业体系，可以通过 Internet 浏览器提供农作物健康、生长情况的实时数据。通过 Crossbow 针对ēKo 系统开发的ēKoView，用户可获取并监控传感器网络数据，管理传感器节点的需求。ēKoView 是一个 Web 界面，可以在任何地方通过网络访问ēKoView，实时地监测农作物或气候信息。

1）ēKo PRO 系列产品特点

ēKo 是用来进行农作物监测、微气候及环境研究的无线农业环境感知系统。主要特点如下：

（1）监测与记录传感器的测量数据。可记录多种不同类型传感器的测量结果，如土壤温/湿度、环境温度和湿度、土壤容积含水量、太阳辐射强度、叶片湿度、微型气象站等。

（2）即时通知与报警。可对各传感器设置相应的门限值，超过门限或者有效范围的传感器测量数据可通过邮箱或者手机短信发给用户。

（3）传感器采用即插即拔的安装方式。每个节点可以同时连接 4 个传感器。连接传感器后，按下 ēKo 节点的 ON 按钮，ēKo 可自动扫描每个传感器接口并且自动识别连接的每个传感器。

（4）ēKo 节点的可扩展性。在一定通信范围内（一般为 600～1500 英尺，1 英尺= 0.304 8 m），每个 ēKo 节点都可以从其他节点或者通信单位转发信息。一个 ēKo 系统可以支持 35 个以上的 ēKo 节点和 140 个传感器节点。

（5）扩展型太阳能供电。太阳能供电的 NiMH AA 蓄电池在没有阳光的情况下，节点可以工作 3 个月。

（6）灵活的传感器接口。ēKo 节点可以兼容几乎所有类型的低功耗传感器，包括对将来各种传感器的接入支持。一般支持标准 2 或者标准 3 号线的传感器接口及针对智能传感器的 ESB 接口。ēKo 的自动识别功能可方便地将新传感器接入。

2）系统的组成

（1）EN2100 无线传感节点。EN2100 无线传感节点的实物图如图 4-61 所示，提供了四个传感器接入端口，可以接入如下两个传感器及其组合。

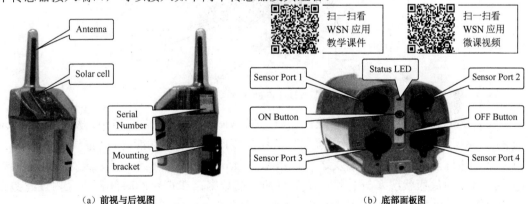

扫一扫看 WSN 应用教学课件

扫一扫看 WSN 应用微课视频

（a）前视与后视图　　　　（b）底部面板图

图 4-61　EN2100 无线传感节点

- eS1101：土壤温/湿度传感器，如图 4-62（a）所示。可测量不同深度的土壤温/湿度，获取土壤水势张力值。在整个灌溉过程中，监测土壤水势的变化可获得土壤中水分流失（减少）的变化情况。

- eS1201：环境温/湿度传感器，如图 4-62（b）所示。可用来测量空气的温度和相对湿度。获得的温度和相对湿度还可用来计算露点。eS1201 的封装外壳可保护其传感器不受外界损伤，且具有防尘、防水溅的功能。

（2）eB2110 无线基本单元及 eG2100 网关。

● eB2110 无线基本单元包含一个 2.4GHz IRIS 家庭无线处理器模块，用来对 ēKo 网络中的各个节点进行管理，如图 4-63 所示。无线基本单元分程传送整个网络的无线信号至 ēKo 系统。

（a）土壤温/湿度 eS1101 传感器　（b）环境温/湿度传感器 eS1201　图 4-63　eB2100 ēKo 无线基本单元

图 4-62　传感器　　　　　　　　　　　　　　　　　与 eG2100 ēKo 网关连接图

● eB2100 ēKo 网关，其作用是控制无线基本单元；运行 Crossbow's XServe 网络管理代码；提供远程数据及网络健康状态 Web 服务；通过 USB 电缆连接 ēKo 无线基本单元、RJ-45 接头到 Ethernet。图 4-64 所示为无线 eB2100 ēKo 网关及其端口。

图 4-64　eB2100 ēKo 网关及其端口

（3）ēKoView。基于 WEB 的软件接口。ēKoView 软件界面如图 4-65 所示，ēKoView 预装于 ēKo 网关中，可提供最简便易用的用户接口，其主要功能有：用户可随时随地访问数据，通过短信或邮件方式发送警报信息；为节点做个性化的设置，此外还可以监视网络或节点的健康状况，查看每一个节点的详细数据；在指定的时间范围之内创建数据的趋势图；提供整个网络的地图视图，直观地查看节点位置和信息。

3）基本 ēKo 系统

图 4-66 所示为一个基本 ēKo 系统组成示意图。该系统通过多个 ēKo 节点将数据传送到无线基本单元，无线基本单元再将数据传输至 ēKo 网关。ēKo 无线 Mesh 网络基于 Crossbow 公司的专有 XMesh XM 技术。不含传感器的 ēKo 节点可以放在任意位置作为中继器用。每个节点监测附近无线通信状态，并跟踪可能的无线路径变化。ēKo 网关可以存储或者转发来自传感器网络的数据，并可以连接到标准 Ethernet hub 或者路由器上。

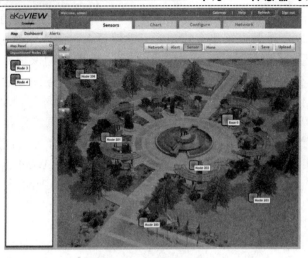

图 4-65 ēKoView 软件界面

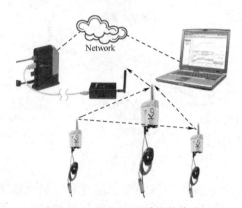

图 4-66 基本 ēKo 系统的构成

案例 4-7 文化遗址的无线传感器网络监测

中国的敦煌莫高窟位于戈壁沙漠中的一处崖壁上，是世界上最知名的野外文化遗址之一，1987 年被列入世界文化遗产列表。它有着超过 1500 年的历史。目前，大量文化遗址中的珍贵文物由于不合适的微气象环境而正遭受病害侵袭。例如，莫高窟中壁画发生病害的主要原因之一是洞窟内过高的湿度和二氧化碳浓度（图 4-67）。

图 4-67 莫高窟壁画

因此，微气象环境监测是文化遗址保护工作中不可或缺的重要组成部分。文化遗址保护工作对于微气象环境数据采集有较高的可靠性要求，主要体现在两方面，一是实时的微气象环境数据应尽快地报告给文物保护专家，以便文物保护专家动态调整保护策略，例如，减少游客人数；二是所测得的每个时间点上的数据必须被完整地保存，以便于研究人员分析文化遗址当时的状态，并进一步研究微气象环境在文化遗址病害发生中所起的作用。这种实时和完整的数据采集需求被概括为"数据可靠性"。莫高窟大多数洞窟的四壁和顶部都绘有壁画，甚至部分洞窟的地砖也是文物，在洞窟中部署线缆显然是不合适的。为了实现完全的无线部署，无线传感器网络（Wireless Sensor Network，WSN）技术是非常合适的选择（图4-68）。基于WSN技术的无线环境监测设备可实现极低的功耗，因此可使用电池长期工作。

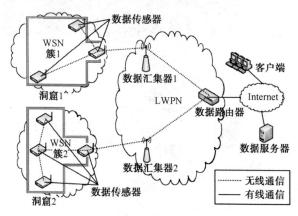

图 4-68 系统架构

洞窟内：WSN。该网络完成洞窟内温度、湿度和二氧化碳浓度的采集和传输。一组被称为数据传感器的以电池作为电源的WSN节点被部署到一个洞窟，并组成一个簇。对于一个簇，部署在洞窟入口处的数据传感器将作为簇首节点，而其他的洞窟内节点则作为簇成员节点。一个簇内所有的数据传感器将以一个可配置的周期进行同步间歇工作以节省能量。簇首节点在负责洞窟内无线传感器网络维护的同时，还负责将数据转发到上层网络。

从洞窟到基站：LWPN。LWPN由多个"数据汇集器"和一个"数据路由器"组成。数据汇集器被部署到洞窟群所在崖壁的前方，并将来自邻近洞窟的微气象环境数据转发到基站处的数据路由器。与洞窟内的网络不同，LWPN中的节点都被部署在空旷空间内，节点间冲突将较为严重。基于冲突的信道控制策略可能会导致很高的通信失败概率。虽然基于TDMA的信道控制策略是无冲突的，但同时也导致了较高的维护开销，如时间同步、时槽分配等。在LWPN中，数据路由器负责网络维护，而数据汇集器负责维护与WSN簇首节点的连接。

数据共享：Internet。数据路由器通过LAN将来自LWPN的微气象环境数据推送到数据服务器，数据服务器提供数据存储服务和基于Web的操作界面以方便远程数据浏览和分析。

目前部署在莫高窟的系统共覆盖了57个典型洞窟，包括如下几点。

（1）部署在 57 个洞窟中的 241 个数据传感器。每个洞窟部署了 3～7 个数据传感器，包括 2～6 个 WSN 簇成员节点和 1 个簇首节点。约有一半游客最为密集的洞窟中各自安装了 1 个 CO_2 数据传感器。簇首节点采集洞窟外的气象数据以与洞窟内的微气象环境进行对比。

（2）洞窟群前的 22 个数据汇集器。这些数据汇集器被部署在洞窟群前的灯柱上以覆盖所有的监测洞窟。它们使用灯柱上的 220 V 电源。

（3）位于敦煌研究院的 1 个数据路由器和 1 台数据服务器。部分监测洞窟、数据汇集器和数据路由器部署如图 4-69 所示。

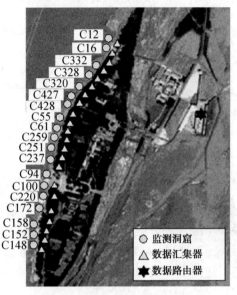

图 4-69　莫高窟的系统部署

案例 4-8　医疗监护无线传感器网络

无线传感器网络具有十分广阔的应用前景，在军事国防、工农业控制、生物医疗、环境监测、抢险救灾、危险区域远程控制等许多领域都有重要的科研价值和实用价值。

无线传感器网络的心电医疗监护系统，在住院监护病人身上安装心电监护节点，利用无线传感器网络，医生可以通过 PDA 或计算机随时了解被监护病人的病情并进行及时处理，还可以利用无线传感器网络长时间地收集监护病人的生理数据，这些数据在研制新药品的过程中也是非常有用的，而安装在病人身上的监护节点也不会给人的正常生活带来太多的不便。因此，基于无线传感器网络的心电医疗监护系统（图 4-70）集当代计算机技术、无线传感器网络技术、数字信号处理技术与生物医学工程技术之大成，将为未来远程医疗提供更加方便、快捷的技术实现手段，为临床医学诊断技术的进步做出巨大贡献。

在基于无线传感器网络的心电医疗监护系统中，监护病人节点以自组织形式构成网络，通过多跳中继方式将监测数据传到 sink 节点，sink 节点再借助 IEEE 802.11b/g 无线通信技术将整个区域内的数据传送到心电信息管理中心进行管理。医生或护士可以利用个人数字处理终端 PDA 或计算机与 sink 节点或管理中心进行通信，获得监护病人的心电生理数据，对监护病人做出及时处理（图 4-71）。

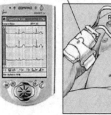

图 4-70　心电医疗监护系统示意图

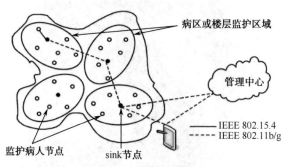

图 4-71　心电医疗监护无线传感器网络体系结构

　　无线传感器网络节点分为监护病人节点和 sink 节点。监护病人节点硬件由传感输入、数据处理、数据传输和电源四部分组成。sink 节点一般设置在护士站 PC 里，sink 节点与监护病人节点相比去除了传感输入部分，它负责接收各监护节点传送来的数据并将其通过护士站 PC 所带的无线网卡将数据传送给管理中心，在医生或护士查询病人心电信息时，将历史或当前数据发送给 PDA。

　　医疗监护无线传感器网络心电信息监护系统将心电信息采集和监护普及到所有住院病人，实现对所有住院病人的生理数据采集实时化，传递无线网络化，记录、管理自动化，监护智能化，改变了目前医院住院病人的心电生理参数观测仍然依靠人工测量的状况，有效地提高了医护人员的工作效率和工作质量，进而为医院医疗信息化（CIS）建设做好准备。

思考与问答 4-2

（1）简述无线传感网的特点。

（2）用图说明无线传感器网络的体系结构。

训练任务 4-2　智慧农业智能大棚系统设计

1. 任务目的

（1）了解无线传感器网络的基本组成。

（2）了解无线传感器网络的基本特点。

（3）能描述数据融合的应用。

2. 任务要求

农业信息化、智慧化是国民经济和社会信息化的重要组成部分，智能农业控制通过实时采集农业大棚内的温度、湿度信号，以及光照、土壤温度、土壤水分等环境参数，自动开启或者关闭指定设备。可以根据用户需求，随时进行处理，为农业生态信息自动监测、对设施进行自动控制和智能化管理提供科学依据。大棚监控及智能控制解决方案是通过光照、温度、湿度等无线传感器，对农作物温室内的温度、湿度信号及光照、土壤温度、土壤含水量、二氧化碳浓度等环境参数进行实时采集，自动开启或者关闭指定设备（如远程控制浇灌、开关卷帘等）。

自主设计智慧农业智能大棚的系统结构，要求：

（1）分析智慧农业智能大棚能够实现哪些功能。

（2）选择合适的设备，画出智能大棚的系统拓扑图。

（3）整理一个完整的设计方案，并制作 PPT 辅助进行阐述。

分组选题，每组 3～5 人，采取课内发言形式，时间 3 min。

3. 任务评价

评价标准如下。

序　号	项 目 要 求	分　值
1	分析大棚系统的主要功能	20
2	针对实现功能，依次选择合适的设备，并阐述理由	30
3	根据所选硬件，画出系统硬件拓扑图	30
4	整理完整设计方案，并阐述	20

4.3　数据融合

扫一扫看数据融合教学课件

无线传感器网络应用都是由大量的传感器节点构成的，共同完成信息收集、目标监视和感知环境的任务。由于网络的通信带宽和能量资源存在着局限性，能量问题使得传感器网络的寿命存在很大的约束，而在进行信息采集数据传送的过程中，由各个节点单独传输至汇聚节点的方法显然是不合适的，同时还会带来降低信息的收集效率及影响信息采集的及时性等问题，因此人们通过研究提出了数据融合的方案。作为无线传感器网络的关键技术之一，数据融合是将多份数据或信息进行处理，组合出更有效、更符合用户需求的数据的过程。

4.3.1　数据融合的基本概念

在大多数无线传感器网络应用当中，许多时候只关心监测结果，并不需要收到大量原始数据，数据融合是处理该类问题的有效手段。

数据融合又称作信息融合或多传感器数据融合，是将多份数据或信息进行处理，组合出更有效、更可靠、更符合用户需求的数据的过程，充分利用不同时间与空间的多传感器数据资源，采用计算机技术对按时间序列获得的多传感器观测数据按照一定准则进行分析、综合、支配和使用，获得对被测对象的一致性解释与描述，进而实现相应的决策和估计，使系统获得比它的各组成部分更充分的信息（图 4-72）。

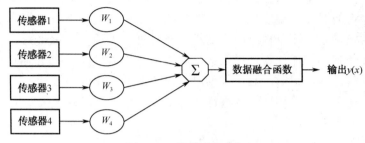

图 4-72　数据融合流程

4.3.2　数据融合的作用

1. 节省能量

由于部署无线传感器网络时，考虑到整个网络的可靠性和监测信息的准确性（即保证一定的精度），需要进行节点的冗余配置。在这种冗余配置的情况下，监测区域周围的节点采集和报告的数据会非常接近或相似，即数据的冗余程度较高。如果把这些数据都发给汇聚节点，在已经满足数据精度的前提下，除了使网络消耗更多的能量外，汇聚节点并不能获得更多的信息。而采用数据融合技术，就能够保证在向汇聚节点发送数据之前，处理大量冗余的数据信息，从而节省了网内节点的能量资源。

2. 获取更准确的信息

由于环境的影响，来自传感器节点的数据存在着较高的不可靠性。通过对监测同一区域的传感器节点采集的数据进行综合，能有效地提高获取信息的精度和可信度。

3. 提高数据收集效率

网内进行数据融合，减少网络数据传输量，降低传输拥塞，降低数据传输延迟，减少传输数据冲突碰撞现象，可在一定程度上提高网络收集数据的效率。数据融合技术可以从不同角度进行分类，主要的依据是三种：融合前、后数据信息含量、数据融合与应用层数据语义的关系，以及融合操作的级别。

4.3.3　数据融合的应用

随着多传感器数据融合技术的发展，应用的领域也在不断扩大，多传感器融合技术已成功地应用于众多的研究领域。多传感器数据融合作为一种可消除系统的不确定因素、提供准确的观测结果和综合信息的智能化数据处理技术，已在军事、工业监控、智能检测、机器人、图像分析、目标检测与跟踪、自动目标识别等领域获得普遍关注和广泛应用。

1. 军事应用

数据融合技术起源于军事领域。数据融合在军事上应用最早、范围最广，涉及战术或战略上的检测、指挥、控制、通信和情报任务的各个方面。主要的应用是进行目标的探

测、跟踪和识别，包括 C31 系统、自动识别武器、自主式运载制导、遥感、战场监视和自动威胁识别系统等，如对舰艇、飞机、导弹等的检测、定位、跟踪和识别及海洋监视、空对空防御系统、地对空防御系统等。海洋监视系统包括对潜艇、鱼雷、水下导弹等目标的检测、跟踪和识别，传感器有雷达、声呐、远红外、综合孔径雷达等。空对空、地对空防御系统主要用来检测、跟踪、识别敌方飞机、导弹和防空武器，传感器包括雷达、ESM（电子支援措施）接收机、远红外敌我识别传感器、光电成像传感器等。在近几年发生的几次局部战争中，数据融合显示出了强大的威力，特别是在海湾战争和科索沃战争中，多国部队的融合系统发挥了重要作用。

2. 复杂工业过程控制

复杂工业过程控制是数据融合应用的一个重要领域。目前，数据融合技术已在核反应堆和石油平台监视等系统中得到应用。融合的目的是识别引起系统状态超出正常运行范围的故障条件，并据此触发若干报警器。通过时间序列分析、频率分析、小波分析，从各传感器获取的信号模式中提取出特征数据，同时，将所提取的特征数据输入神经网络模式识别器，神经网络模式识别器进行特征级数据融合，以识别出系统的特征数据，并输入到模糊专家系统进行决策级融合；专家系统推理时，从知识库和数据库中取出领域知识规则和参数，与特征数据进行匹配（融合）；最后，决策出被测系统的运行状态、设备工作状况和故障等。

3. 机器人

多传感器数据融合技术的另一个典型应用领域为机器人。目前，多传感器数据融合技术主要应用在移动机器人和遥操作机器人上，因为这些机器人工作在动态、不确定与非结构化的环境中（如"勇气"号和"机遇"号火星车），这些高度不确定的环境要求机器人具有高度的自治能力和对环境的感知能力，而多传感器数据融合技术正是提高机器人系统感知能力的有效方法。实践证明：采用单个传感器的机器人不具有完整、可靠地感知外部环境的能力。智能机器人应采用多个传感器，并利用这些传感器的冗余和互补的特性来获得机器人外部环境动态变化的、比较完整的信息，并对外部环境变化实时响应。目前，机器人学界提出向非结构化环境进军，其核心的关键之一就是多传感器系统和数据融合。

4. 遥感

多传感器融合在遥感领域中的应用，主要是通过高空间分辨力全色图像和低光谱分辨力图像的融合，得到高空间分辨力和高光谱分辨力的图像，融合多波段和多时段的遥感图像来提高分类的准确性。

案例 4-9　卫星数据融合技术在环境遥感监测中的应用

在丹东典型区域环境遥感监测中，需要将卫星信息与地面监测站、数据传输与处理系统、地理信息系统（GIS）结合，实现对区域环境准确、客观、动态、简捷、快速的监测，为环境监控提供科学数据。采用多源卫星遥感数据融合技术，作为增强遥感信息的重要手段。融合可克服云层、大气及植被覆盖造成的影响，使难以识别的地形、地貌便于解译，也便于卫星数据进一步应用在研究区卫星影像图编制过程中。为清晰反映河口

悬浮泥沙对鸭绿江入黄海口污染影响的效果，提高图像地面分解力和清晰度，使反差增强，采用不同波段合成图像与数据融合，取得了图像信息增强和更加清晰的效果，为鸭绿江河口区汞等重金属污染得到有力的佐证（图4-73）。

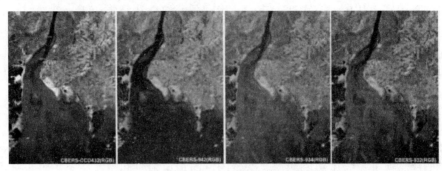

图4-73 鸭绿江口卫星数据融合影像图

5. 交通管理系统

数据融合技术可应用于地面车辆定位、车辆跟踪、车辆导航及空中交通管制系统等。

6. 全局监视

监视较大范围内人和事物的运动和状态，需要运用数据融合技术。例如，根据各种医疗传感器、病历、病史、气候、季节等观测信息，实现对病人的自动监护；利用空中和地面传感器监视庄稼生长情况，进行产量预测；根据卫星云图、气流、温度、压力等观测信息，实现天气预报。

案例4-10 雷达组网中的数据融合

随着技术的进步，雷达的性能经受了严峻的考验。强大的欺骗性、压制性电子干扰使雷达迷盲、性能降低或者完全失效，单部雷达已经很难应对越来越复杂的电磁环境。雷达组网是指通过将多部不同体制、不同频段、不同工作模式、不同极化方式的雷达或者无源侦察装备适当布站，借助通信手段连接成网，并由中心站统一调配，从而形成的一个有机整体。雷达组网中的每部雷达都有各自的处理器，通过预处理产生目标跟踪航迹，汇总至融合中心，由融合中心进行时间空间配准、航迹关联和航迹融合，最终生成目标的航迹。雷达组网数据处理是多传感器数据融合理论在工程上的一种具体应用，即运用多传感器数据融合将多部雷达的观测信息融合成雷达网覆盖区域的战场态势。目前，成功应用数据融合技术的领域有机器人和智能仪器系统、战场任务和无人驾驶飞机、图像分析与理解、目标检测与跟踪、自动目标识别和多源图像复合等。可见数据融合有很多的优势，而多个雷达组网的数据融合是国家重点军事电厂站、信息站的一个重要项目。

利用雷达组网在较大的跟踪范围内探测和跟踪目标，把各单站获得的目标数据送到融合中心进行数据融合处理，经过数据融合建立起比单部雷达质量更好的航迹。

在数据融合的功能模型中，检测、关联、估计、识别和推理是信息融合过程的必备功能环节。多个传感器是信息融合的"硬件"基础，多源信息是信息融合的加工对象。

依据输入信息的抽象层次可将信息融合分为三级：

第一级——数据级（或称像素级）融合。它是直接在采集到的原始数据层上进行的融合，是最低层次上的融合，主要优点是能保持尽可能多的现场数据，提供其他层次所不能提供的信息。像素级融合主要用于多源图像融合、图像分析。

　　第二级——特征级融合。它是先对来自传感器的原始数据进行特征提取，然后再对特征进行融合，是中间层次上的融合。特征级融合的最大优点在于对原始数据进行了一定的压缩，有利于实时处理。一般情况下，融合结果能给出决策分析所需要的特征信息。在信息融合领域，特征级融合主要用于多传感器目标跟踪。

　　第三级——决策级融合。它是一种高层次的融合，输入融合中心的是各局部传感器依据一定准则做出的决策信息，如目标是否存在或某一事件是否发生。

思考与问答 4-3

　　（1）什么叫数据融合？数据融合的作用是什么？
　　（2）数据融合有哪些应用？

内容小结

　　本单元首先介绍传感器的基础知识，然后分别介绍几个常用的传感器，针对物联网的发展，对智能传感器做了相应介绍。介绍了无线传感器网络的概念、特点和体系结构。通过本模块的学习，学生能够对传感器及无线传感器网络的概念、体系结构、特点和关键技术有基本的了解，为了解传感器及无线传感器网络在物联网中的应用打下基础。

单元 5

物联网通信与网络技术

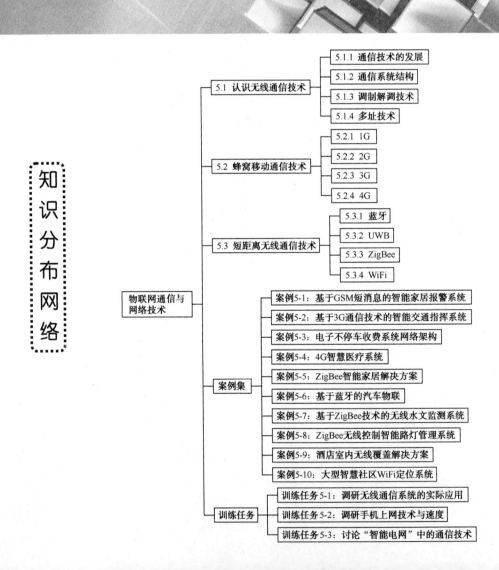

知识分布网络

物联网通信与网络技术

5.1 认识无线通信技术
- 5.1.1 通信技术的发展
- 5.1.2 通信系统结构
- 5.1.3 调制解调技术
- 5.1.4 多址技术

5.2 蜂窝移动通信技术
- 5.2.1 1G
- 5.2.2 2G
- 5.2.3 3G
- 5.2.4 4G

5.3 短距离无线通信技术
- 5.3.1 蓝牙
- 5.3.2 UWB
- 5.3.3 ZigBee
- 5.3.4 WiFi

案例集
- 案例5-1：基于GSM短消息的智能家居报警系统
- 案例5-2：基于3G通信技术的智能交通指挥系统
- 案例5-3：电子不停车收费系统网络架构
- 案例5-4：4G智慧医疗系统
- 案例5-5：ZigBee智能家居解决方案
- 案例5-6：基于蓝牙的汽车物联
- 案例5-7：基于ZigBee技术的无线水文监测系统
- 案例5-8：ZigBee无线控制智能路灯管理系统
- 案例5-9：酒店室内无线覆盖解决方案
- 案例5-10：大型智慧社区WiFi定位系统

训练任务
- 训练任务5-1：调研无线通信系统的实际应用
- 训练任务5-2：调研手机上网技术与速度
- 训练任务5-3：讨论"智能电网"中的通信技术

物联网与互联网、移动通信及其他通信手段紧密结合，物联网的通信网络构成了物联网信息传输的基石，类似人体的神经网络，在通信网络的帮助下，物联网与物理世界紧密连接。

5.1　认识无线通信技术

案例 5-1　基于 GSM 短消息的智能家居报警系统

目前传统的机械式（防盗网、防盗窗）安防系统在实际使用中暴露了很多隐患，例如，使其他没有安防盗窗的相近楼层形成被盗隐患、发生火灾时不易逃生等。随着电子技术的飞速发展，报警系统已从原来的简单化、局部化向智能化、集成化发展。采用基于 GSM 短信模块的家庭无线防盗报警系统可解决这些隐患，让家庭防盗更及时、使用更方便。它不再依赖有线电话执行报警，而是借助最可靠、最成熟的 GSM 移动网络，以最直观的中文短消息或电话形式，直接把报警地点的情况反映到手机屏幕上。该智能报警和遥控系统主要由主机（单片机部分）、前端感应器、输出电路、短消息模块、显示和键盘电路、环境温度检测电路及遥控接收解码电路等组成（图 5-1）。

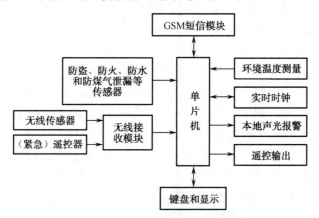

图 5-1　基于 GSM 短消息的智能家居报警系统

前端感应器主要有防盗、防火、防水和防煤气泄漏等传感器，根据需要选用并安装在适当的地方，用于收集非法入侵报警和危险信号并传送给单片机。单片机负责接收、处理感应器信号，判别是否有险情发生，若有，则发送报警短信给户主，同时根据需要开启本地声光报警，并打开/关闭相应的电磁阀，如已实现小区联网，同时还会给联网中心的主机发送报警信息；户主还可以通过发送短信打开主机上的监听话筒，进一步确认家中是否发生险情。输出部分可以接收主机定时控制信号，也可以接收户主的短信遥控信号，实现对家用电器的遥控。

通信网络技术作为物联网提供信息传递和服务支撑的基础通道，实现信息安全且可靠的传输，成为物联网的关键技术。

5.1.1 通信技术的发展

人类自从有了语言和文字后便有了通信，通信的历史和人类的历史一样绵长。在古代，人类利用自然界的基本规律和人的基础感官（视觉、听觉等）可达性建立通信系统。广为人知的"烽火传信（2700 多年前的周朝，图 5-2）"、"信鸽传书"、"击鼓传声"、"风筝传讯（2000 多年前的春秋时期，以公输班和墨子为代表）"、"天灯（代表是三国时期孔明灯的使用，发展到后期热气球成为其延伸）"、"旗语"及随之发展出的依托于文字的"信件（周朝已经有驿站出现，传递公文）"都是古代传信的方式，而信件在较长的历史时期内，成为人们传递信息的主要方式。

在近代，电磁技术是电磁通信和数字时代的开始。19 世纪中叶以后，随着电报、电话的发明及电磁波的发现，人类通信领域产生了根本性的巨大变革，从此人类的信息传递可以脱离常规的视听觉方式，用电信号作为新的载体，由此带来了一系列技术革新，开启了人类通信的新时代。

1835 年，美国雕塑家、画家、科学爱好者塞缪乐·莫尔斯（Samuel Morse）成功研制出世界上第一台电磁式（有线）电报机（图 5-3）。他发明的莫尔斯电码，利用"点"、"划"和"间隔"，可将信息转换成一串或长或短的电脉冲传向目的地，再转换为原来的信息。1843年，美国物理学家亚历山大·贝恩（Alexander Bain）根据钟摆原理发明了传真。1875 年，苏格兰青年亚历山大·贝尔（A.G.Bell）发明了世界上第一台电话机，并于 1876 年申请了发明专利（图 5-4）。1878 年贝尔在相距 300 km 的波士顿和纽约之间进行了首次长途电话试验，并获得了成功，后来成立了著名的贝尔电话公司。

电报和电话开启了近代通信历史，但都是小范围的应用，更大规模、更快速度的应用是在第一次世界大战之后。1901 年，意大利工程师马可尼发明火花隙无线电发报机（图 5-5），成功发射穿越大西洋的长波无线电信号。

随着高速计算能力成为现实，二进制的广泛应用触发了更高级别的通信机制——"数字通信"，加速了通信技术的发展和应用。1973 年，美国摩托罗拉公司的马丁·库帕博士发明了第一台便携式蜂窝电话（图 5-6），也就是我们所说的"大哥大"。

直到今天，数字通信依然在蓬勃发展。

图 5-2　烽火传信

图 5-3　莫尔斯和他发明的电报机

扫一扫看通信发展历史教学课件

图 5-4　贝尔和电话机

图 5-5　马可尼和无线电发报机

图 5-6　第一台蜂窝移动电话

5.1.2　通信系统结构

 扫一扫看通信的概念教学课件　　 扫一扫看通信的概念微课视频

1. 一般通信系统结构

所谓通信是指通过某种媒质进行的信息传递。一个简单的通信系统首先由发送和接收两部分组成。从硬件上看，通信系统主要由信源、信宿、信道、接收设备和发送设备五部分组成，如图 5-7 所示。

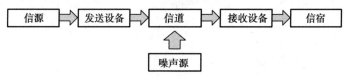

图 5-7　通信系统

（1）信源是将消息转换成电信号的设备，如电话机、摄像机、扫描仪、计算机等。

（2）发送设备的作用是将信源产生的信号转换为适合在信道中传输的信号。在通信中，信道具有特定的频率范围，超过这个范围的信号将无法传输，而信源产生的信号未必恰巧在这个频率范围内，这就要靠发送设备来转换，如调制。

（3）信道是传输媒介，有无线和有线两种。无论哪一种信道，都有一定的频率要求，如同轴电缆的频率要求在 60 kHz～60 MHz 之间，电话线要求在 12～252 kHz 之间，而电磁波最低可至 3 Hz，最高为 300 GHz。

（4）噪声是通信系统中有害但又不能避免的信号，来自系统设备和传输媒介等。

（5）接收设备完成发送设备的反变换，将调制信号解调为信息信号，再经过信宿将信息信号还原成消息。

小知识

由于电磁波在空间的传播方式很多，有直射、散射、反射、绕射等（绕射波——绕过障碍物而传播的现象，波的路径发生弯曲；散射波——遇到障碍物后，由于表面粗糙，波向四处发射），使得信号的传输路径很多且不稳定，加上噪声干扰，接收的信号会发生衰减（图 5-8）。

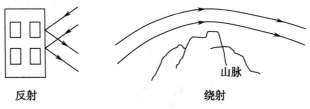

图 5-8　信号传输

（1）自然的衰减：在空间传播时，距离越远，信号越弱，这种衰减相对缓慢——大尺度衰减。

（2）阴影衰落：遇到起伏的地形、建筑时因为阻塞而发生了衰减，就像阳光被遮住而产生阴影一样——中尺度衰减。

（3）瑞利衰落：由电磁波的多径传输引起，无线信号从天线发出后通过不同的直射、反射等路径到达接收机时，由于各路径距离不同，使得到达接收机的时间不同，即相位不同，叠加后，信号幅度被减弱，信号强度会急剧变化——小尺度衰减（图 5-9）。

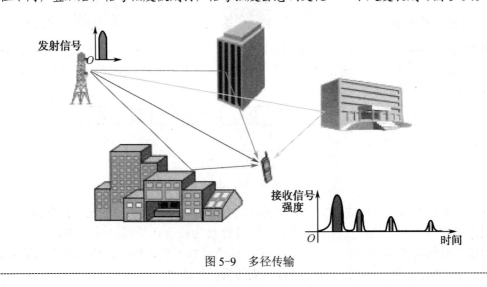

图 5-9　多径传输

小知识

问：如何解决路径损耗？

答：可以在衰减到一定程度时，通过中继放大器来加强信号。

小知识

路径损耗还有好处呢！正因为有了损耗，所以才可以每隔一定距离，当某频率的信号衰减为 0 后，再设基站，重复使用这段频率，提高频谱利用率。

小知识

"通信中的基本问题就是在一点精确或近似地再生另一点的信息"——香农信息论

小知识

A：消息和信息不一样吗？

B：不大一样。通常，人们将能够感知的描述成为消息，如文字、图像或声音。而信息是消息中包含的有意义的内容，如"中国男子足球队获得世界杯冠军"，这个消息太让人震撼，它所包含的信息量就大。但如果有人说"中国男子足球队世界杯又没出线"，这是预料中的，其包含的信息量就很少。

通信系统直接处理的对象是信号，那么什么是信号？

通信中的信号，基本上是时间的函数，一般人们用正弦波来表示模拟电信号，如图 5-10 所示。

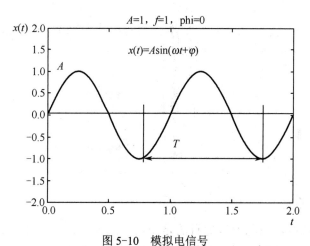

图 5-10 模拟电信号

图中，A 表示振幅；ω 表示角速度；φ 表示信号的初始相位。其他复杂的信号可以分解为正弦信号来表示（图 5-11）。

2. 数字通信系统

通信有模拟和数字之分。模拟通信指信源发出、信宿接收和信道传输的都是模拟信号，如第一代移动通信，我们在电影中看见的某些大佬手里拿的像砖头一样的"大哥大"就是模拟通信设备。数字通信中信源发出和信宿接收的是模拟信号，而信道传输的是数字信号。

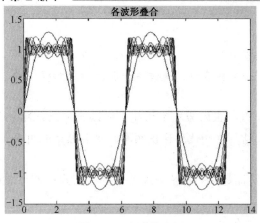

图 5-11　方波的分解

我们已经进入数字通信时代，网络的兴起也加速了数字通信的发展。一个基本的数字通信系统如图 5-12 所示。

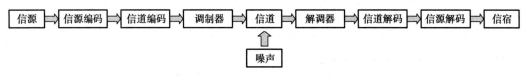

图 5-12　数字通信系统

小知识

模拟信号——信号的波形图是连续的；数字信号——信号的波形图是离散的（图 5-13）。

模拟信号通过抽样、量化、编码可以转换为数字信号。

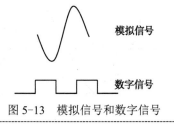

图 5-13　模拟信号和数字信号

---

3. 信源和信道编码

在数字通信系统中，信源编码的目的是使信源减少冗余，更加经济有效地传输。因为信源是模拟信息，所以信源编码主要是把模拟信号转换为数字信号，包括语音压缩编码、图像压缩编码等，如将信息"真"、"假"变换成 0、1 或 00、11 等其他码组。

示例：

"中"这个字在电报码表中，其对应编码为"0022"，在发送时，通过中文电报信源编码器将其转换为"01101 01101 11001 11001"码组。

信道编码的目的是为了提高系统传输的可靠性。运送玻璃杯的途中，为保证物品不被打烂，通常会用泡沫或海绵将玻璃杯包装起来，信道编码也与之类似，会在信息码元序列中增加一些监督码元，这些监督码元与信息码元之间有一定的关系，接收端可以利用这种关系来发现或纠正可能存在的错码。

示例：

假设我们使用 000 表示天气"晴"，011 表示"雨"，101 表示"霜"，110 表示"雾"，其他 001，010，100，111 不可用，那么假如 000 中错了一位，接收端可能收到 100、010 或 001，而这 3 种是不允许使用的，因此接收端就可以发现错码。

小知识

常用的信道编码。

● 分组码：将信源的信息序列按照独立的分组进行处理和编码，称为分组码。简单、实用的编码包括汉明码、循环码、BCH 码、RS 码。

● 卷积码：卷积码是 1955 年由 Elias 等人提出的，是一种非常有前途的编码方法。分组码的实现是将编码信息分组单独进行编码的，因此无论是在编码还是在译码的过程中，不同码组之间的码元无关。卷积码是一种非线性码，其编码器中有记忆器件存在。

● 级联码：要想进一步提高编码的性能，必须加长编码。为了解决这个问题，级联码把两个编码以串联或者并联的方式结合在一起，这两个码的复杂度在可接受的范围内，它们整体构成了一个更强大的编码。

● Turbo 码：Turbo 码自 1993 年问世以来，以其优异的纠错性能引起了通信技术界的广泛关注，它的出现被认为是信道编码理论发展史上的一个里程碑。由于其接近 Shannon 极限的译码性能，Turbo 码迅速成为信道编码领域的研究热点。

示例：

在我国提出的第三代移动通信系统——TD-SCDMA 系统中采用了 Turbo 码作为高速数据传输时的主要编码方式。

小知识

香农定理。

克劳德·艾尔伍德·香农（Claude Elwood Shannon，1916 年 4 月 30 日—2001 年 2 月 26 日），美国数学家、信息论的创始人。香农提出的著名的香农容量定律奠定了通信工程的理论基础。

$$C = B \log_2 \left(1 + \frac{S}{N}\right)$$

式中，C 为信道容量；B 为信道带宽；S/N 为信噪比。

公式表明，香农容量，也就是最大可能的数字传输速度，和另外三个参量有关，一个是信道带宽，另一个是接收到的信号强度，还有一个就是噪声。以这个公式为出发点，去了解各式各样的无线通信技术的发展情况，就像站在高山顶上看山下的公路网一样一目了然。

5.1.3 调制解调技术

1. 什么是调制

 扫一扫看调制解调教学课件　 扫一扫看调制解调微课视频

为什么要调制？在通信系统中，任何信道都有相关的频率范围，如果需要传输的信号不在这个频率范围内，就需要将信号的频率搬到信道频率范围之内，就像将汽车开到轮船上以便渡海一样，这个过程称之为调制。

通信的目的是把信息向远处传播，在传播声音时，可以用话筒把声音信号变成电信号，通过扩音器放大后再用喇叭播放出去。如果还要将声音传输得更远一些，我们将借助无线电。如果利用手机，就需要将音频信号"搬"到手机工作的频段上。

小知识

音频的范围是 20 Hz～20 kHz，在大气层传输将急剧衰减；而高频率范围内的信号能传播到很远的距离。女生的尖叫比男生更加具有穿透力，就是因为女生的声音频率略高。GSM 和 CDMA 的手机频率范围分别是 900 MHz 和 800 MHz。

小知识

要想通过大气层传播像语音或音乐这样的音频信号，就必须在发射机上通过适当处理把信号嵌入到另一个较高频率的信号中，另外还有一个物理上的要求：利用无线电通信时，欲发射信号的波长必须与发射天线的几何尺寸可比拟，信号才能有效地发射出去，通常天线尺寸要大于波长的 1/10。

$$\lambda = \frac{c}{f} = \frac{3 \times 10^8}{20 \times 10^3} = 15\,000 \text{ m}$$

式中，c 为光速，f 为音频。通过计算，天线要 15 km 高，显然要把音频信号通过可接受的天线尺寸发射出去，就必须提高发射信号的频率。频率越高，天线越短。

所以调制就是将某一个载有信息的信号（基带信号或调制信号）嵌入另一个信号（载波）的过程，用基带信号去控制载波信号的某个或几个参量的变化，将信息荷载在其上形成已调信号传输。而解调是调制的反过程，通过具体的方法从已调信号的参量变化中恢复原始的基带信号（图 5-14）。

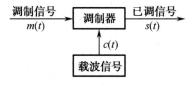

图 5-14　调制器模型

示例：

为了使调制形象化，可以将此过程想象为运货，要将货物运到几千里外，需要运载工具，如汽车、火车等，调制信号相当于货物，运载工具相当于载波，把货装上车相当于调制，卸货相当于解调。

调制方法可以从以下几个角度进行分类。

● 按信号 $m(t)$ 分。

模拟调制：$m(t)$ 是模拟信号。

数字调制：$m(t)$ 是数字信号。

● 按载波信号 $c(t)$ 分。

连续波调制：$c(t)$ 为连续，如 $c(t)=\cos\omega t$。

脉冲调制：$c(t)$ 为脉冲，如周期矩形脉冲序列。

● 按调制器功能分。

幅度调制：用 $m(t)$ 改变 $c(t)$ 的幅度，如 AM、DSB、SSB、VSB。

频率调制：用 $m(t)$ 改变 $c(t)$ 的频率，如 FM。

相位调制：用 $m(t)$ 改变 $c(t)$ 的相位，如 PM。

● 按调制器传输函数分。

线性调制：调制前、后的频谱呈线性搬移关系。

非线性调制：除上述关系外，调制后还产生许多新的频率成分。

2. 模拟调制技术

模拟调制一般指调制信号和载波都是连续波的调制方式。它有调幅、调频和调相三种基本形式。

1）调幅

调幅是使高频载波信号的振幅随调制信号的瞬时变化而变化。也就是说，用调制信号改变高频信号的幅度大小，使得调制信号的信息包含入高频信号之中，通过天线把高频信号发射出去，就把调制信号也传播出去了。这时候在接收端可以把调制信号解调出来，也就是把高频信号的幅度解读出来，就可以得到调制信号（图 5-15）。

小知识

载波和调制有密切的关系，在这里可以把信号比作纸，载波比作石头，不管用多大的力量很难把一张纸扔很远，但是如果用纸包住石头，纸就可以扔得很远。

（1）振幅调制 AM

由波形图可知 AM 信号有以下特点。

① 幅度调制：AM 信号的包络是随着信号呈线性关系变化的，所以它是幅度调制。

② 频率未变：已调波的波形疏密程度相同，也就是说载波仅仅是幅度受到了调制，频率没有发生变化。

（2）双边带调制 DSB

由于 AM 信号在传输信息的同时也传递载波，致使传输效率太低，造成功率浪费。因为 AM 系统的载波并不携带信息，所以不发送载波仍能传输信号，此时称为双边带调幅，即双边带调制（图 5-16）。

此外还有单边带 SSB 调幅、残留边带 VSB 调幅等方式。

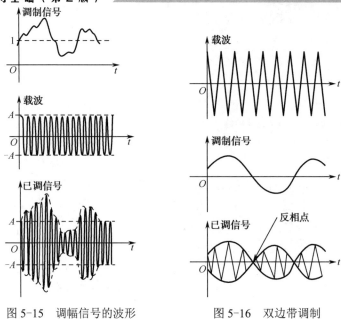

图 5-15　调幅信号的波形　　　　图 5-16　双边带调制

2）调角

角度调制是频率调制和相位调制的总称，与幅度调制技术相比，角度调制最突出的优势是其较高的抗噪声性能。在这两种调制中，载波的幅度都保持恒定，而频率和相位的变化都表现为载波瞬时角度的变化。

（1）频率调制 FM：瞬时频率偏移随调制信号成比例变化。

（2）相位调制 PM：瞬时相位偏移随调制信号作线性变化（图 5-17）。

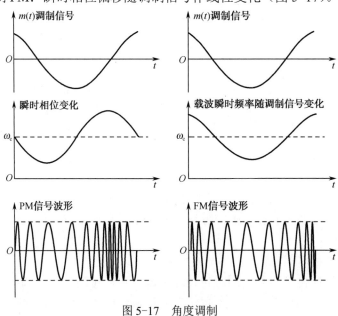

图 5-17　角度调制

示例：

收音机的调制方式一般是 FM 和 AM。

3. 数字调制技术

数字调制就是将数字符号变成适合于信道传输的波形。所用载波一般是余弦信号，调制信号为数字基带信号。利用基带信号去控制载波的某个参数就完成了调制。调制的方法主要是通过改变余弦波的幅度、相位或频率来传送信息的，其基本原理是把数字信号寄生在载波的上述三个参数中的一个上，即用数字信号来进行幅度调制、频率调制或相位调制。由于数字信号只有 0 和 1 两种状态，所以数字调制完全可以理解为是报务员用开关键控制载波的过程，因此数字信号的调制方式一般均为较简单的键控方式。

数字调制分为调幅、调相和调频三类，分别对应幅移键控（ASK）、相移键控（PSK）和频移键控（FSK）三种数字调制方式。

1）幅移键控（ASK）

幅移键控又称为振幅键控，记为 ASK。ASK 是一种相对简单的调制方式，相当于模拟信号中的调幅，只不过与载频信号相乘的是二进制数码而已。ASK 调制方式就是把频率、相位作为常量，而把振幅作为变量，用载波的两个不同振幅表示 0 和 1。由于调制信号只有 0 或 1 两个电平，它的实际意义是当调制的数字信号为 1 时，传输载波；当调制的数字信号为 0 时，不传输载波。相当于将载频关断或者接通，因此也称为开关键控（通断键控），又记作 OOK 信号（图 5-18）。

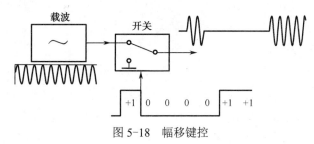

图 5-18　幅移键控

2）频移键控（FSK）

所谓 FSK 就是用数字信号去调制载波频率，是数字信号传输中用得最早的一种调制方式。此方式实现起来比较容易，抗噪声和抗衰减性能好，稳定可靠，是中低速数据传输的最佳选择。频移就是把振幅、相位作为常量，而把频率作为变量，通过频率的变化来实现信号的识别（图 5-19）。

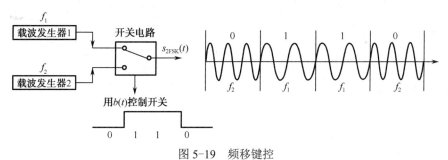

图 5-19　频移键控

3）相移键控（PSK）

在 PSK 调制时，载波的相位随调制信号状态的不同而改变。如果两个频率相同的载波同时开始振荡，这两个频率同时达到正最大值，同时达到零值，同时达到负最大值，此时它们就处于同相状态；如果一个达到正最大值，另一个达到负最大值，则称为反相。一般把信号振荡一次（一周）作为 360°。如果一个波与另一个波相差半个周期，我们说两个波的相位差 180°，也就是反相。当传输数字信号时，1 码控制发 0° 相位，0 码控制发 180° 相位。

PSK 相移键控调制技术在数据传输中，尤其是在中速和中高速的数传机（2400～4800 b/s）中得到了广泛的应用。相移键控有很好的抗干扰性，在有衰落的信道中也能获得很好的效果。

PSK 也可分为二进制 PSK（2PSK 或 BPSK）和多进制 PSK（MPSK）。BPSK 有两种不同的可能相移：0° 和 180°，可以用 0° 代表 0，180° 代表 1，如图 5-20 所示。

5.1.4 多址技术

多址技术就是区分不同用户的技术。其目的是多个用户共享信道、动态分配网络资源。常见的多址技术有：

（1）频分多址（FDMA）。

（2）时分多址（TDMA）。

（3）码分多址（CDMA）。

（4）空分多址（SDMA）。

1. 频分多址（FDMA）

频分多址技术把传输频带划分为若干个较窄的且互不重叠的子频带，每个用户分配到一个固定子频带，按频带区分用户。信号调制到该子频带内，各用户信号同时传送，接收时分别按频带提取，从而实现多址通信（图 5-21）。就像男女二重唱，因为频率不同，即使同时演唱，听众也能分出男声和女声。

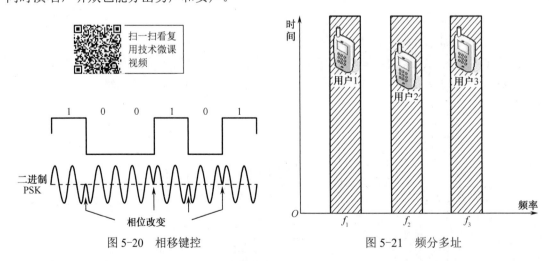

图 5-20　相移键控　　　　　图 5-21　频分多址

示例：

FDMA 的典型应用是有线电视系统，有线电视将多套电视节目按不同频率复用在一条电缆上传送给用户，用户利用遥控器就可以通过电视机内部的调谐电流选择出所喜爱的节目。

2. 时分多址（TDMA）

TDMA 是在给定频带的最高数据传送速率的条件下，把传递时间划分为若干时间间隙，即时隙，用户的收发各使用一个指定的时隙，以突发脉冲序列方式接收和发送信号。多个用户依序分别占用时隙，在一个宽带的无线载波上以较高的速率传递信息数据，接收并解调后，各用户分别提取相应时隙的信息，按时间区分用户，从而实现多址通信（图 5-22）。就像春晚的歌唱节目，一首歌 8 人唱，一人唱一句，交替进行。

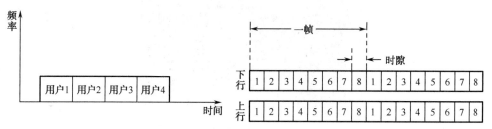

图 5-22　TDMA 时隙分配示意图

3. 码分多址（CDMA）

CDMA 方式是用伪随机编码信号或其他扩频码调制所需传送的信号，经载波调制后发送出去。接收端使用完全相同的扩频码序列，同步后与接收的宽带信号作相关处理，把宽带信号解扩为原始数据信息。不同用户使用不同的码序列，它们占用相同频带，接收机虽然能收到，但不能解出，这样可实现互不干扰的多址通信。它以不同的互相正交的码序列区分用户，故称为"码分多址"（图 5-23）。由于它是以扩频为基础的多址方式，所以也称为"扩频多址（SSMA）"。

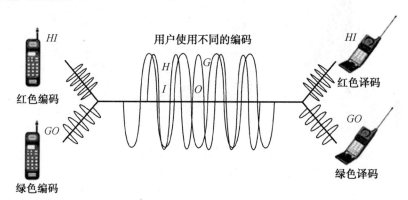

图 5-23　码分多址

就像参加一个大型的鸡尾酒会，要想自己的聊天不受干扰，可以采用不同的语言，比如，第一组采用中文，第二组采用英语，其他的语言看成干扰信号，只听本组的语言，就可以实现多组同时聊天了，这里不同的语言就相当于不同的编码。

不同用户传输信息所用的信号不是靠频率不同或时隙不同来区分的，而是用各自不同的编码序列来区分的，或者说，靠信号的不同波形来区分。多个 CDMA 信号是互相重叠的，接收机用相关器可以在多个 CDMA 信号中选出使用预定码型的信号，其他使用不同码型的信号因为和接收机本地产生的码型不同而不能被解调。

小知识

全世界最美丽女科学家——CDMA之母海蒂小姐（图5-24）

1997年，以CDMA为基础的3G技术开始走入人们的视野，科学界才想起了它的专利申请人海蒂。作为好莱坞巨星，她在60多年前提出了"跳频"技术和一系列无线信号技术的全新概念，其中"跳频"技术更为当下大热的3G移动通信技术奠定了基础。

图5-24　CDMA之母海蒂小姐

跳频技术通过将传输信号打散到不同的频谱上，来提高传输效率和稳定性。发送方和接收方拥有同步的频谱切换频率，能够实现对信号的有效发送和接收（图5-25）。

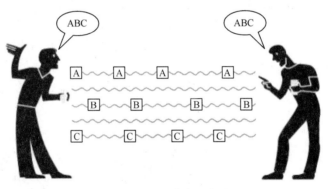

图5-25　跳频技术示意图

4. 空分多址（SDMA）

空分多址，顾名思义，就是利用空间的隔离进行复用的一种多址接入技术。采用空分多址接入的多个用户可以使用完全相同的频率、时隙和码道资源。事实上，我们熟知的蜂窝移动通信技术中的蜂窝概念本身就是一种空分复用技术，不同小区中的用户可以使用完全相同的资源。实现SDMA的核心技术是智能天线的应用，理想情况下它要求天线给每个用户分配一个点波束，这样根据用户的空间位置就可以区分每个用户的无线信号，换句话说，处于不同位置的用户可以在同一时间使用同一频率和同一码型而不会相互干扰（图5-26）。

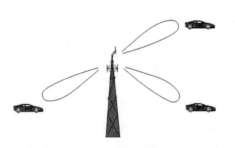

图5-26　空分多址

思考与问答 5-1

（1）基本的通信系统由哪几部分组成？

（2）CDMA、FDMA、TDMA 各有什么区别？

训练任务 5-1　调研无线通信系统的实际应用

1. 任务目的

（1）对于给定的具体物联网应用系统，能区分它是哪种无线传输方式。

（2）给定具体的物联网应用环境，选择适用的无线传输方式。

2. 任务描述

在日常生活和生产中，是否已经见到过很多场景使用无线通信技术？通过图书馆或网络查找相关资料并收集整理，注意技术在场景中的应用特点和优缺点并把它们一一列举出来。

3. 任务要求

（1）小组找出 4～5 种使用无线传输技术的场景。

（2）小组填写"无线传输技术应用情况调查"（见表 5-1）。

表 5-1　无线传输技术应用情况调查表

场 景 描 述	该场景应用到的无线通信技术	该技术在场景中的应用特点	该技术在场景中应用的优缺点	
			优点	缺点

4. 任务评价（见表 5-2）

表 5-2　无线通信技术应用情况调查任务完成情况评估标准

目 标 能 力	能 力 支 撑	评 估 依 据
给定一个物联网应用系统和工作环境	具备无线通信技术认知的能力	能准确判断场景中应用的无线通信技术
	具备分析无线通信技术特点的能力	能准确分析无线通信技术的特点
	具备分析场景中无线通信技术优缺点的能力	能准确分析无线通信技术的优缺点
提升信息处理能力	强化信息处理能力	能通过网络查找无线通信技术应用场景等相关信息

5.2 蜂窝移动通信技术

> **案例 5-2 基于 3G 通信技术的智能交通指挥系统**
>
> 智能交通指挥系统涉及交通系统管理的各个方面，包括 GPS 地理位置定位、本地监控存储、3G 实时视频监控、超速报警、信息发布等。智能公交管理系统可利用装在车上的车载终端进行数据采集、处理，实现了本地监控录像、3G 视频传输功能，同时将数据上报到调度管理平台，由调度管理平台处理，实现远程的功能，如车辆调度、超速记录、里程统计等功能。3G 实时视频监控能够在调度中心采用点播的方式随时调取任一车辆任一通道的视频图像。通过实时调取视频录像，可以及时发现违规行为，对可能违规的行为形成威慑作用。而且在发生突发事件的时候，可以通过 3G 视频第一时间了解现场的具体情况，这对危机处理和紧急调度起着决定性的作用。
>
> 基于 3G 通信技术的监控系统主要由 3G（TD-SCDMA 或 CDMA2000）数据通信链路、监控中心和多个前端组成。3G 数据通信链路采用标准的 TCP/IP 协议，可直接运行在管理部门的内部无线局域网上。前端摄像机的抓拍图片、识别信息、视频信号等通过 3G 数据传输模块传输到监控中心。系统可以根据现场情况和用户的需求配置不同的外围硬件设备。监控前端使用的系统外围设备有摄像机、前端主机、3G 数据传输模块、数字解码器、高速云台和可变镜头等，完成监控中心所需的前端车辆抓拍识别信息的实时传输和前端图像监控。监控中心使用的系统外围设备有识别服务器、后台中心软件、主控台、3G 无线路由器、主交换机、视频服务器、电视墙等，具体可根据用户要求进行灵活配置。监控主机将采集到的图像、图片信息实时地传送给服务器并通过服务器向外广播发送，相关客户只要通过浏览器打开网页便能实时地进行监控和查看（图 5-27）。

图 5-27 基于 3G 通信技术的智能交通指挥系统

5.2.1　1G

早在 20 世纪 80 年代，北欧、北美、日本等地区和国家的第一代移动通信系统（1G）开始启用。1G 时代既没有全球统一的移动通信标准，也没有区域性的移动通信标准，移动通信的标准、系统的服务范围都是以国家或区域为单位的，并没有形成大众认可及普遍适用的规范和标准。

第一代移动通信采用的主要是模拟技术和频分多址（FDMA）技术，由于受到传输带宽的限制，不能进行移动通信的长途漫游，只能进行区域性的移动通信。第一代移动通信有很多不足之处，如容量有限、制式太多、互不兼容、保密性差、通话质量不高、不能提供数据业务和不能提供自动漫游等（图 5-28）。

5.2.2　2G

由于 1G 移动通信系统存在的一系列问题，国际相关组织开始了第二代移动通信系统（2G）的研究，主要有两支国际普遍采用的标准（区域化的标准）：美国高通公司推出的 CDMA IS-95 和欧洲的 GSM，在 2G 标准里最先推出和应用最广泛的是 GSM，中文为全球移动通信系统，俗称"全球通"，采用 TDMA+FDMA 多址技术。在 2G 时代还有一支全球应用的标准就是 CDMA，即码分多址。

2G 与 1G 相比主要的特点是提高了标准化程度及频谱利用率，不再是数模结合而是数字化，保密性增加，容量增大，干扰减小，能传输低速的数据业务，全球可以漫游。在增加了分组网络部分后可以加入窄带分组数据业务，早期的 2G 产品是不支持数据业务的，但是发展到 2.5 代，GSM 发展到了 GPRS（分组无线业务，General Packet Radio Service），CDMA 发展到了 CDMA2000 1x，出现了数据业务，2G 网络就改造升级成为了所谓的 2.5G（GPRS）。为了充分发掘 GSM 的技术潜力，也使得向 3G 的过渡再平滑一点，研发了 2.75G 产品——EDGE（增强数据速率 GSM 演进，Enhanced Data Rates for GSM Evolution），从而为将来系统演进到宽带系统打下了良好基础。

1. 实现区域覆盖的蜂窝结构

为了实现一定区域的覆盖并提高系统频率资源的使用效率，移动通信系统在移动业务需要覆盖的地区，仿照蜂窝结构划定出很多六边形的小区，如图 5-29 所示。

图 5-28　1G 手机

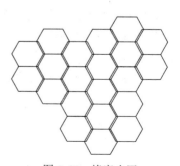

图 5-29　蜂窝小区

在六边形小区的中心设立固定的收发信台，称为基站，提供六边形小区内移动台入网的无线接口；或在六边形的顶点按照三个 120°角的扇形设立基站，提供扇区内移动台入网的接口。

2. 典型 GSM 通信系统的组成

蜂窝 GSM 移动通信系统主要由交换网路子系统（NSS）、基站子系统（BSS）和移动台（MS）三大部分组成（图 5-30）。

扫一扫看
GSM 微课
视频

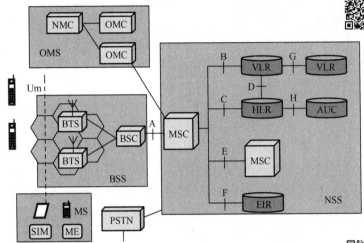

图 5-30　GSM 系统的组成

扫一扫看
GSM 教学
课件

1）移动台（MS）

MS 就是移动客户设备部分，它由移动终端和客户识别卡（SIM）两部分组成。移动终端就是"手机"，它可完成话音编码、信道编码、信息加密、信息的调制和解调、信息的发射和接收。SIM 卡就是"身份卡"，存有认证客户身份所需的所有信息，并能执行一些与安全保密有关的重要信息，以防止非法客户进入网络。SIM 卡还存储与网络和客户有关的管理数据，只有插入 SIM 卡后移动终端才能接入进网。

2）基站子系统（BSS）

BSS 系统是在一定的无线覆盖区中由 MSC 控制、与 MS 进行通信的系统设备，它主要负责完成无线发送接收和无线资源管理等功能。功能实体可分为基站控制器（BSC）和基站收/发信台（BTS）。

（1）BSC：具有对一个或多个 BTS 进行控制的功能，主要负责无线网络资源的管理，小区配置数据管理，功率控制、定位和切换等，是个很强的业务控制点。

（2）BTS：无线接口设备，完全由 BSC 控制，主要负责无线传输，完成无线与有线的转换、无线分集、无线信道加密、跳频等功能。

3）网络交换子系统（NSS）

网络交换子系统（NSS）主要完成交换功能和客户数据与移动性管理、安全性管理所需的数据库功能。

MSC：移动业务交换中心，实现移动业务交换功能，是对位于它所覆盖区域中的移动台进行控制和完成话路交换的功能实体，也是移动通信系统与其他公用通信网之间的接口。MSC 可以完成网路接口、公共信道信令系统和计费等功能，还可完成 BSS、MSC 之间的切换和辅助性的无线资源管理、移动性管理等。另外，为了建立至移动台的呼叫路由，每个 MS 还应能完成入口 MSC 的功能，即查询位置信息的功能。

VLR：存储用户位置信息的动态数据库。VLR 是一个数据库，用于存储 MSC 为了处理所管辖区域中 MS（统称拜访客户）的来话、去话呼叫所需检索的信息，如客户的号码、所处位置区域的识别、向客户提供的服务等参数。

HLR：也是一个数据库，用于移动用户管理。每个移动用户都应在其归属位置寄存器（HLR）注册登记。HLR 主要存储两类信息，一类是有关用户参数的信息，另一类是有关用户当前位置的信息。

AUC：用于产生为确定移动用户的身份和对呼叫保密所需鉴权、加密的三参数（随机号码 RAND、符合响应 SRES、密钥 Kc）的功能实体。

EIR：存储有关移动台设备参数的数据库，主要完成对移动台设备的识别、监视、闭锁等功能，以防止非法移动台的使用。

OMC：对交换分系统及基站分系统的操作进行维护。

案例 5-3　电子不停车收费系统网络架构

在电子不停车收费系统中，通常应用 RFID 技术进行车辆识别，综合利用移动 GSM 网络作为传输网络，不仅无须专门架构传输网，大大降低了成本，而且系统扩容方便，覆盖范围广。典型的网络架构如图 5-31 所示。

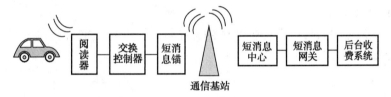

图 5-31　电子不停车收费系统网络架构

当车辆经过不停车收费通道时，阅读器与车辆识别卡进行通信，获取车辆信息后，以短消息的形式发出，通过移动网络将信息传输到短消息中心，短消息中心根据服务提供商的特服号码，再将信息发送给特定的短消息网关，当网关识别此消息为高速公路的收费信息后，通过网络将消息传送到后台收费系统。收费成功后，又以短消息的形式将收费成功的信息发送给移动网络短消息中心，根据用户登记的手机终端发送收费信息，至此信息传输完毕。

5.2.3　3G

扫一扫看
3G 教学
课件

扫一扫看
3G 微课
视频

世界上不同的第二代移动通信系统彼此间
不能兼容，使用的频率也不一样，全球漫游比较困难。因此，人们希望有功能更强大的第三代移动通信系统（3G）来解决这些问题。吸取了第二代移动通信系统全球标准不统一的教训，ITU（国际电信联盟）从 1997 年左右开始向全球征集第三代移动通信技术标准的备选提案。经过一段时间的筛选，一些国家提出的标准先后出局，剩下了几个影响比较大的标准草案，包括由欧洲和日本支持的 WCDMA 标准，美国支持的 CDMA2000 标准，以及由我国大唐集团提出的 TD-SCDMA 标准等。经过艰苦的努力，2000 年 5 月 5 日，TD-SCDMA

被 ITU 正式批准为国际标准，与欧洲和日本提出的 WCDMA，以及由美国提出的 CDMA2000 标准同列三大标准的行列。之后，TD-SCDMA 又被 3GPP（第三代合作伙伴）组织正式接纳，成为全球第三代移动通信网络建设的选择方案之一。

在全球，经 ITU 确认的三大 3G 主流标准分别为：由 GSM 延伸而至的 WCDMA；由 CDMA 演变发展的 CDMA2000；中国大唐电信和德国西门子合作开发的全新标准 TD-SCDMA。

3G 是指支持高速数据传输的蜂窝移动通信技术。它是将无线通信与国际互联网等多媒体通信结合的新一代移动通信系统，能够处理图像、音乐、视频等多种形式，提供网页浏览、电话会议、电子商务信息服务。无线网络必须能够支持不同的数据传输速度，也就是说在室内、室外和行车的环境中能够分别支持至少 2 Mb/s（兆比特/每秒）、384 Kb/s（千比特/每秒），以及 144 Kb/s 的传输速度（此数值根据网络环境会发生变化）。

1. WCDMA

扫一扫看 WCDMA 教学课件

WCDMA（Wideband CDMA），也称为 CDMA Direct Spread，这是基于 GSM 网发展出来的 3G 技术规范，是欧洲提出的宽带 CDMA 技术。这套系统能够架设在现有的 GSM 网络上，对于系统提供商而言可以较轻易地过渡，因此 WCDMA 具有先天的市场优势。其支持者主要是以 GSM 系统为主的欧洲厂商，包括欧美的爱立信、阿尔卡特、朗讯、北电，以及日本的 NTT、富士通、夏普等厂商。

WCDMA 的关键技术包括 RAKE 接收、多用户检测、软切换、功率控制等。

1）RAKE 接收

通过多个相关检测器接收多径信号中的各路信号，并把它们合并在一起，使得总的接收信噪比大大提高（图 5-32）。

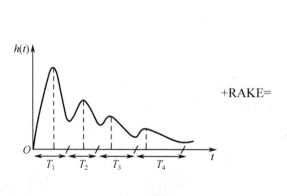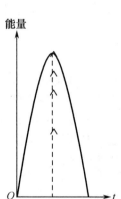

图 5-32 RAKE 接收

2）软切换

当我们边走边打电话时，可能离开一个基站的覆盖区域并进入另一个基站的覆盖区域，手机就需要断开与原来基站的连接，转而与新小区基站连接，这就是切换。切换主要有硬切换和软切换等方式。

（1）硬切换。用户设备先断开与原基站的连接，进入下一个小区，再建立与新基站的连接。类似跳槽时，先离职，再找工作。这样的切换很容易出现掉话（图 5-33）。

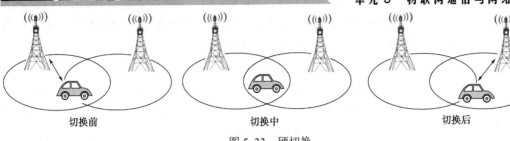

图 5-33　硬切换

（2）软切换：先不断开与原来基站的连接，与新基站同步以后，再断开与原来基站的连接（图 5-34）。类似于我们一边在原单位上班，一边在找新的工作，骑驴找马。

图 5-34　软切换

3）功率控制

移动通信中存在远近效应，指离基站较近的用户的发射功率过大会影响离基站较远的用户，就像离得远的人讲话听不见一样。采用功率控制可以提高离基站较远的用户的发射功率，降低离基站较近的用户的发射功率，达到功率平衡（图 5-35）。

其他关键技术请参阅相关书籍。

图 5-35　功率控制

2. CDMA2000

扫一扫看 CDMA2000 教学课件

CDMA2000 由美国高通北美公司为主导提出，摩托罗拉、Lucent 和后来加入的韩国三星都有参与，韩国现在成为该标准的主导者，是 IS-95 标准向第三代移动通信系统演进的技术体制方案。CDMA2000 的一个主要特点是与现有的 TIA/EIA-95-B 标准后向兼容，可从 IS 95B 系统的基础上平滑升级到 3G，建设成本低。但目前使用 CDMA（码多分址技术）的地区只有日、韩和北美，所以 CDMA2000 的支持者不如 WCDMA 多。

小知识

一般认为，IS-95A/B 标准属于第二代移动通信技术标准。IS-95A 是 1995 年 5 月美国电信工业协会（TIA）正式颁布的窄带 CDMA 标准。1999 年 3 月 IS-95B 标准制定完成。它是 IS-95A 的进一步发展，其主要目标是满足更高比特速率业务的需求。IS-95B 可提供的理论最大比特速率为 115 Kb/s，实际只能实现 64 Kb/s。IS-95A 和 IS-95B 均是系列标准，其总称为 IS-95。

WCDMA 和 CDMA2000 都是 FDD 标准，而 TD-SCDMA 是 TDD 标准。因此，将 WCDMA 和 CDMA2000 合为一类，TD-SCDMA 单独列为一类。

小知识

FDD：频分双工（Frequency Division Duplexing），也称为全双工。操作时需要两个独立的信道。一个信道用来向下传送信息，另一个信道用来向上传送信息。两个信道之间存在一个保护频段，以防止邻近的发射机和接收机之间产生干扰。

TDD：时分双工。在 TDD 模式的移动通信系统中，接收和传送在同一频率信道（载波）的不同时隙进行，用保证时间来分离接收和传送信道（图 5-36）。

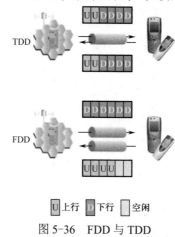

图 5-36　FDD 与 TDD

---

3. TD-SCDMA

扫一扫看
TD-SCDMA
教学课件

时分同步的码分多址（Time Division-Synchronous Code Division Multiple Access，TD-SCDMA）技术是中国提出的第三代移动通信标准，1998 年正式向 ITU（国际电联）提交并得到 ITU 认可并发布，与 3GPP（第三代伙伴项目）体系融合使 TD－SCDMA 标准成为第一个由中国提出的、以我国知识产权为主的、被国际上广泛接受和认可的无线通信国际标准（图 5-37）。

TD-SCDMA 是 TDD 和 CDMA、TDMA 技术的完美结合，具有下列技术优势。

1）TDD

采用时分双工（TDD）技术，只需一个 1.6MHz 带宽，而以 FDD 为代表的 CDMA2000 需要 1.25×2 MHz 带宽，WCDMA 需要 5×2 MHz 才能通信；其话音频谱利用率是 WCDMA 的 2.5 倍，数据频谱利用率甚至高达 3.1 倍；无须成对频段，适合多运营商环境。采用 TDD 不要双工器，可简化射频电路，系统设备和手机成本较低。

2）智能天线

智能天线也叫自适应阵列天线，由天线阵、波束形成网络、波束形成算法三部分组成（图 5-38）。它通过满足某种准则的算法去调节各阵元信号的加权幅度和相位，从而调节天线阵列的方向图形状，以达到增强所需信号，抑制干扰信号的目的。可以降低发射功率，减小多址干扰，增加系统容量。

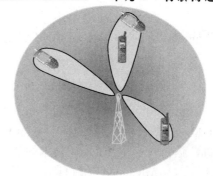

图 5-37   TD-SCDMA

图 5-38   智能天线

3）接力切换

采用"接力切换"技术（图 5-39），可克服软切换大量占用资源的缺点。接力切换是介于硬切换和软切换之间的一种切换方式，与软切换相比，硬切换和接力切换具有较高的切换成功率和较低的掉话率。与硬切换相比，软切换和接力切换具有较高的资源利用率。

图 5-39   接力切换

 扫一扫看 4G 定义 教学课件

5.2.4   4G

4G 是第四代移动通信及其技术的简称。根据国际电信联盟的定义，4G 技术应满足以下条件：固定状态下的数据传输速率达到 1 Gb/s，移动状态下的数据传输速率达到 100 Mb/s，比拨号上网快 2000 倍，上传的速度也能达到 20 Mb/s，并能够满足几乎所有用户对于无线服务的要求。国际电信联盟已将 WiMAX、HSPA+、LTE、LIT-Advanced、Wireless MAN-Advanced 五种标准纳入 4G 标准中。

4G 系统应满足以下基本条件。

（1）具有很高的数据传输速率。对于大范围高速移动用户（250 km/h），数据速率为 2 Mb/s；对于中速移动用户（60 km/h），数据速率为 20 Mb/s；对于低速移动用户（室内或步行者），数据速率为 100 Mb/s。

（2）实现真正的无缝漫游。4G 移动通信系统实现全球统一的标准，能使各类媒体、通信主机及网络之间进行"无缝连接"，真正实现一部手机在全球的任何地点都能进行通信。

（3）高度智能化的网络。采用智能技术的 4G 通信系统将是一个高度自治、自适应的网络。采用智能信号处理技术对信道条件不同的各种复杂环境进行结合的正常发送与接收，有很强的智能性、适应性和灵活性。

（4）良好的覆盖性能。4G 通信系统应具有良好的覆盖并能提供高速、可变速率传输。对于室内环境，由于要提供高速传输，小区的半径会更小。

（5）基于 IP 的网络。4G 通信系统将会采用 IPv6，IPv6 将能在 IP 网络上实现话音和多

媒体业务。

（6）实现不同 QoS 的业务。4G 通信系统通过动态带宽分配和调节发射功率来提供不同质量的业务。

1. LTE

LTE（Long Term Evolution）——3GPP 长期演进，是新一代宽带无线移动通信技术。与 3G 采用的 CDMA 技术不同，LTE 以 OFDM（正交频分多址）和 MIMO（多输入多输出天线）技术为基础，频谱效率是 3G 增强技术的 2～3 倍。LTE 包括 FDD 和 TDD 两种制式。LTE 的增强技术（LTE-Advanced）是国际电联认可的第四代移动通信标准。

2. 4G 无线通信核心技术

4G 无线通信核心技术包含（正交频分复用）OFDM 和多输入多输出（MIMO）。

1）MIMO

MIMO 技术是指利用多发射、多接收天线进行空间分集的技术，它采用的是分立式多天线，能够有效地将通信链路分解成许多并行的子信道，从而大大增加了容量（图 5-40）。MIMO 系统能够很好地提高系统的抗衰落和噪声性能，从而获得巨大的容量。

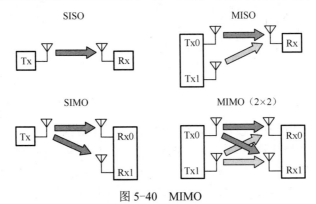

图 5-40　MIMO

示例：

当接收天线和发送天线数目都为 8 根，且平均信噪比为 20 dB 时，链路容量可以高达 42 b/s/Hz，这是单天线系统所能达到容量的 40 多倍。

2）OFDM

OFDM 技术的主要原理是：将信道分成若干正交子信道，将高速数据信号转换成并行的低速子数据流，调制在每个子信道上进行传输（图 5-41）。可以把 OFDM 想象成高架桥、10 m 宽的路，上面架设一个 5 m 宽的高架，实际上道路的通行面积就是 15 m，这样虽然水平路面不增加但是可以通行的车辆增加了。

在传统的 FDMA 多址方式中，将较宽的频带分成若干较窄的子带（子载波），每个用户占用一个或几个频带进行收发信号。但是为了避免各子载波之间的干扰，不得不在相邻的子载波之间保留较大的间隔，大大降低了频谱效率。由于在 OFDM 中，子载波可以部分重叠，所以频谱效率高。

FDM多载波调制技术

节省带宽资源

频率

OFDM多载波调制技术

图 5-41 OFDM

案例 5-4 4G 智慧医疗系统

在深圳罗湖人民医院，护士手持一部后盖连接扫码仪的智能手机，对准病人手上的腕带轻轻一扫，病人每个时间点需要的护理菜单在屏幕上一目了然：输液、量体温、查血压……在输液之前，对着药袋一扫，即可查验药品是否与输液人匹配。利用 4G 智慧医疗系统，患者可通过微信享受从预约挂号到候诊队列查询、收取检验报告等全流程。点开手机上的"移动护理"软件，提示信息、化验结果、检查结果、试管核对、样本配送等病人的护理信息尽显，护士只需根据需要点击操作即可。而且基于共同的"私有云"，输入的数据可以登录计算机查看、修改（图 5-42）。以前护士需要将了解的情况写在纸质单上，然后再赶回护士站输入计算机备查。

现在，只要在与病人沟通时同步在手机上输入即可。"护士节约的时间更多，能了解更多病人的需求。"她说。在看病前，医护人员借助 4G 网络服务，通过系统将病人病历、病史及监测的信息进行数字化存储，降低了数据录入成本。在看病中，医生采用 4G 终端上的专用 APN 产品即可查看病人信息，实现移动巡房服务，以便更快地进行诊断。医生诊断后，护士通过 4G 终端扫描二维码，查看处方信息、检验结果和检验图片，并直接通过 4G 终端为病人开药。在看病后，病人可在家中通过网络与专家进行高清视频问诊，并由医生即时更新病人信息，以减少医疗差错。"4G 标准 TD-LTE 技术的无线性、高速率、实时性等特点，简化环节，让远程的诊疗变成现实，为医护人员和病人都提供便利。""智能药架"也正在推广——网络医生开处方后，病人缴费的同时，药架第一时间抓药、分药，并将药品传送给前台的药剂师，然后给病人（图 5-43）。

图 5-42 直接在手机上通过 4G 网络查阅病人资料

图 5-43 智慧医疗

思考与问答 5-2

（1）什么是移动通信?目前应用的有哪几种体制?

（2）试述移动通信的工作方式与分类，2G 是如何演进到 3G 的。

训练任务 5-2   调研手机上网技术与速度

1. 任务目的

（1）能区分 3G 技术的不同特点。

（2）能明确移动通信技术的发展、演化和应用前景。

2. 任务要求

通过与周围朋友的交谈，以及对手机、运营商等相关资料的查询，完成手机上网技术与速度调研，填写"手机上网技术与速度调查表"。

结合表 5-3，通过网络信息查询等方式，初步了解相关技术，完成"手机上网技术与速度对应表"（表 5-4）。

表 5-3   手机上网技术与速度调查表

手 机 品 牌		手 机 型 号	
运营商		上网技术	
用户网速体验		□非常快　□较快　□一般　□较慢　□非常慢	

表 5-4   手机上网技术与速度对应表

序号	技　术	网 速 体 验		
		室　内	室　外	移 动 中
1				
2				
3				

3. 任务评价

手机上网技术与速度调查任务完成情况评估标准见表 5-5。

表 5-5   手机上网技术与速度调查任务完成情况评估标准

序号	目 标 能 力	评 估 依 据
1	具备数据分析能力	可根据用户网速体验及汇总的情况准确分析手机上网技术与网速的关系
2	提升信息处理能力	能通过网络了解有关手机上网技术等相关信息
3	提升与人交流能力	能与朋友沟通，了解有关运营商、品牌等相关信息

5.3　短距离无线通信技术

案例 5-5　ZigBee 智能家居解决方案

ZigBee 是一种新兴的近距离、低复杂度、低功耗、低数据速率、低成本的无线网络技术，是一种介于无线标记技术和蓝牙之间的技术提案，主要用于近距离无线连接。它依据 802.15.4 标准，在数千个微小的传感器之间相互协调实现通信。这些传感器只需要很少的能量，以接力的方式通过无线电波将数据从一个传感器传到另一个传感器，所以它们的通信效率非常高。和其他技术相比，ZigBee 有明显的优势，是实现智能家居系统的优秀选择。

智能家居系统一般由家居设备节点、家居主节点、家庭网关、手机移动终端几部分组成。从网络层次上分为家庭外部网络和家庭内部网络两部分，分别对应 Internet 网和 ZigBee 网络（图 5-44）。

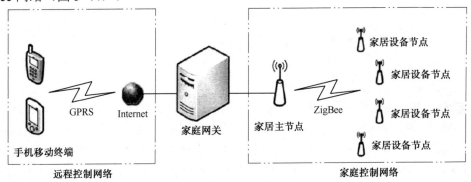

图 5-44　ZigBee 智能家居

家居设备节点包括以下三部分部件：射频收发模块、运算和控制单元、传感和执行模块。射频收发模块作为系统中各网络节点的通信接口，进行网络中各节点设备的网络无线连接和无线数据或指令的收发。节点终端的传感和执行模块主要进行非法闯入或者有毒气体泄露等意外灾难情况的探测、三表数据的采集、对各种网络家电的控制。这种控制或者检测功能需要通过运算和控制单元操作完成。

家居设备节点的硬件核心可采用 CC2430 的 ZigBee 无线收发模块。在家庭子网中网络协调器 FFD 设备充当家居主节点，FFD 负责监督网络的正常运行，由它主导 ZigBee 无线传感器网络的建立，完成网络的初始化、设备控制、数据采集等功能。子网中精简功能设备充当家居设备节点，主要完成传感采集、查询响应等功能，家居设备节点相互之间不能进行通信，只能与家居主节点进行通信。家居主节点与家庭网关之间使用串口连接，可将数据上传到家庭网关中。家庭网关是智能家居控制系统的核心部分，主要完成家庭内部网络各种设备之间的信息交换和信息共享，以及同外部通信网络之间的数据交换功能，同时网关一般还负责家庭家居设备的管理和控制。外部网络为智能家居系统提供高速 Internet 接入，使得用户可以通过无线通信网络远程登录到家庭网关智能家居管理系统，对系统进行管理和控制，对家中的终端节点进行数据访问或者控制（图 5-45）。

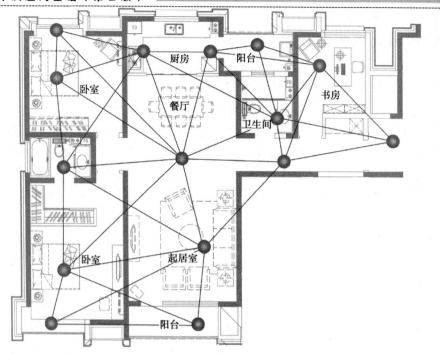

图 5-45 信号覆盖示意

CC2430 芯片为无线应用提供了 ZigBee 协议的物理层和 MAC 层，并可以在此基础上使用各公司提供的 ZigBee 协议栈作为网络安全层和应用架构层，在单个芯片上整合了微控制器和 ZigBee RF 无线射频前端。它内部包含了一个 8051 内核的单片机、128 KB Flash 存储器和 8 KB SRAM，同时提供了丰富的外设，如数模转换器、定时器、AESthetic128 协处理器、上电复位电路、掉电检测电路、看门狗电路、内部时钟和外部时钟振荡器等，并提供了 21 个可编程的 I/O 口（CC2430 采用了）。该芯片使用 18 μmCMOS 工艺进行生产，有效地降低了系统的功耗，工作时电流仅为 27 mA，即使在接收和发射模式下也低于同类产品的功耗。

近年来，在计算机等相关技术快速进步，高性能、高集成度的 CMOS 和 GaAs 半导体技术和超大规模集成电路技术的发展及低功耗、低成本消费类电子产品对数据通信的强烈需求的推动下，短距离无线通信技术得到了快速提高，无线局域网（WLAN）、蓝牙技术、ZigBee 技术、无线网格网络（WMN）技术取得了巨大进展，各种无线网络技术的相互融合也进入了研究者的视野。

一般来讲，短距离无线通信的主要特点为通信距离短，覆盖距离一般在 10～200 m 之间；另外，无线发射器的发射功率低，一般小于 100 mW，工作频率多为免付费、免申请的全球通用的工业、科学、医学频段。

低成本、低功耗和对等通信是短距离无线通信技术的三个重要特征和优势。短距离无线通信技术按数据速率可分为高速短距离无线通信和低速短距离无线通信两类。高速短距离无线通信的最高数据速率高于 100 Mb/s，通信距离小于 10 m，典型技术有高速 UWB；低速短距离无线通信的最低数据速率低于 1 Mb/s，通信距离小于 100 m，典型技术有

ZigBee、低速 UWB、蓝牙等。

5.3.1　蓝牙

早在 1994 年，瑞典的爱立信公司便已经着手蓝牙技术的研究开发工作，意在通过一种短程无线连接替代已经广泛使用的有线连接。1998 年 2 月，爱立信、诺基亚、英特尔、东芝和 IBM 公司共同组建了兴趣小组，其共同目标是开发一种全球通用的小范围无线通信技术，即蓝牙技术（图 5-46）。

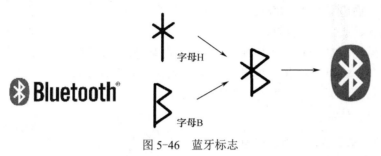

图 5-46　蓝牙标志

> **小知识**
>
> 　　蓝牙的名字来源于 10 世纪丹麦国王 Harald Blatand——英译为 Harold Bluetooth（因为他十分喜欢吃蓝梅，所以牙齿每天都带着蓝色）。Blatand 国王将现在的挪威、瑞典和丹麦统一起来；他口齿伶俐，善于交际，就如同蓝牙技术被定义为允许不同工业领域之间的协调工作一样，保持各系统领域之间的良好交流，如计算机、手机和汽车行业之间的工作。

蓝牙工作频率为 2.4 GHz，有效范围大约在 10 m 半径内，在此范围内，采用蓝牙技术的多台设备，如手机、计算机、蓝牙打印机（图 5-47）、蓝牙耳机（图 5-48）等能够无线互联，以约 1 Mb/s 的速率相互传递数据，并能方便地接入互联网。随着蓝牙芯片价格和耗电量的不断降低，蓝牙已经成为手机和平板电脑的必备功能。

图 5-47　蓝牙打印机　　　　　　　图 5-48　蓝牙耳机

作为一种电缆替代技术，蓝牙具有低成本、高速率的特点，它可把内嵌有蓝牙芯片的计算机、手机和其他编写通信终端互联起来，为其提供语音和数字接入服务，实现信息的自动交换和处理，并且蓝牙的使用和维护成本低于其他任何一种无线技术。

蓝牙技术的应用主要有以下三类：

（1）语音/数据接入：指将一台计算机通过安全的无线链路连接到通信设备上，完成与广域网的连接。

（2）外围设备互联：指将各种设备通过蓝牙链路连接到主机上。

（3）个人局域网（PAN）：主要用于个人网络与信息的共享与交换。

蓝牙技术出众的特点如下：

（1）蓝牙工作在全球开放的 2.4 GHz ISM 频段。

（2）使用跳频频谱扩展技术，把频带分成若干个跳频信道，在一次连接中，无线电收发器按一定的码序列不断地从一个信道"跳"到另一个信道。

（3）一台蓝牙设备可同时与其他 7 台蓝牙设备建立连接。

（4）数据传输速率可达 1 Mb/s。

（5）低功耗、通信安全性好。

（6）在有效范围内可越过障碍物进行连接，没有特别的通信视角和方向要求。

（7）组网简单方便。采用"即插即用"的概念，嵌入蓝牙技术的设备一旦搜索到另一台蓝牙设备，马上就可以建立连接，传输数据。

（8）支持语音传输。

案例 5-6　基于蓝牙的汽车物联

近年来，蓝牙技术在物联网智能交通领域的应用前景非常看好。车载电子系统正向智能化、信息化和网络化方向发展，无线通信技术在汽车等移动系统中有着广泛的应用前景。起初，蓝牙技术主要应用在汽车的电话通信方面，但随着研究和应用的不断深入，在汽车智能化方面将有更多的蓝牙应用，如远程车辆状况诊断、车辆安全系统、车对车通信、多媒体下载等。汽车物联网是各个国家极为重视的领域，目前蓝牙技术在汽车上的拓展应用（图 5-49）集中体现在以下几个方面。

图 5-49　车载蓝牙

（1）免提电话：当用户进入车内，车载系统会自动连接上用户手机。用户在驾车行驶过程中，无须用手操作就可以用声控完成拨号、接听、挂断和音量调节等功能，可通过车内麦克风和音响系统进行全双工免提通话，实际上就是与车内蓝牙设备完全构成车内微微网，实现信息交互。

（2）汽车遥控：用户可以在 10 m 范围内用附有蓝牙的手机控制车门和车中的各类开关，包括汽车的点火控制等。本应用实际是利用蓝牙鉴权"绑定"和蓝牙地址"唯一"的特点，强化无线遥控的可靠性和安全性。

（3）音乐下载：用户可以通过手机加蓝牙下载音乐到汽车音响中播放，其优点在于无线连接的智能化和高速传输。

（4）汽车自动故障诊断系统：车载系统可以通过手机加蓝牙将故障代码等信息发往维修中心，维修中心派人前来修理时可以根据故障代码等信息准备好相应的配件和修理工具，现场排除故障。

5.3.2　UWB

UWB（超宽带技术）是另一个新发展起来的无线通信技术。UWB 通过基带脉冲作用于天线的方式发送数据。窄脉冲（小于 1ns）产生极大带宽的信号。脉冲采用脉位调制或二进制移相键控调制。UWB 被允许在 3.1～10.6 GHz 的波段内工作，主要应用在小范围、高分辨率，能够穿透墙壁、地面和身体的雷达和图像系统中。现有的无线通信方式中，只有 UWB 有可能在 10 m 范围内，支持高达 110 Mb/s 的数据传输率，不需要压缩数据，可以快速、简单、经济地完成视频数据处理。

示例：

军事部门已对 UWB 进行了多年研究，开发出了分辨率极高的雷达。美国研制出来的穿墙雷达就是使用 UWB 技术研制的，可用于检查道路、桥梁及其他混凝土和沥青结构建筑中的缺陷，以及地下管线、电缆和建筑结构的定位，另外在消防、救援、治安防范及医疗、医学图像处理中都大有用武之地（图 5-50）。UWB 的一个非常有前途的应用是汽车防撞系统，用于自动刹车系统的雷达制造。UWB 最具特色的应用将是视频消费娱乐方面的无线个人局域网（PAN）。

图 5-50　穿墙雷达

5.3.3　ZigBee

蜜蜂在发现花丛后会通过一种特殊的肢体语言来告知同伴新发现的食物源位置等信息，这种肢体语言就是 ZigZag 型舞蹈，是蜜蜂之间一种简单传达信息的方式。借此意义，ZigBee 被选为新一代无线通信技术的命名。经过人们长期的努力，ZigBee 协议在 2003 年中通过后，于 2004 年正式问世。

简言之，ZigBee 是一种具有高可靠性的无线数传网络，类似于 CDMA 和 GSM 网络。ZigBee 数传模块类似于移动网络基站，通信距离从标准的 75 m 到几百米、几千米，并且支持无线扩展。ZigBee 是一个由多达 65 000 个无线数传模块组成的无线数传网络平台，在整个网络范围内，每一个 ZigBee 网络数传模块之间可以相互通信，每个网络节点间的距离可以从标准的 75 m 无限扩展。与移动通信的 CDMA 网或 GSM 网不同的是，ZigBee 网络主要是为工业现场自动化控制数据传输而建立的，因而，它必须具有简单、使用方便、工作可靠、价格低的特点。每个 ZigBee 网络节点不仅本身可以作为监控对象，如对其连接的传感器直接进行数据采集和监控，还可以自动中转别的网络节点传过来的数据资料。

案例 5-7　基于 ZigBee 技术的无线水文监测系统

水文监测系统是指在河流、水库的指定地点，以野外无人值守方式工作，配备数据采集单元、无线电台和雨量计、水位计、风向风速计等水文监测仪表，可保留六个月以上数据，通过 ZigBee 无线通信可受上级监测站（分中心）的控制，任意设定测试时段，校准机时上、下一致等。中心节点采集的数据需要送到中心，可以通过蜂窝网络来实现。

系统由三个部分组成。

（1）ZigBee 无线监测网络。这一无线网络主要由分布在监测区域的各种水位计、雨量计

和闸位计组成，各测量单位都配备低成本的 RFD（精简功能版本） ZigBee 节点用于无线上传数据。监测区域内也按照距离的需要分布有 FFD ZigBee 节点，组成了无线 ZigBee 网络，所有的水文数据都可以通过这一网络上传到集中器，其覆盖范围可以无限扩展。

（2）数据采集集中器。集中器将通过 ZigBee 网络采集到的水文数据进行缓存，并且定期将数据通过 GPRS 网络上传到监测中心。采集集中器采用低功耗的 LP3500 控制器开发，完全实现数据的自动采集和上传，常年稳定地运行在野外环境中。

（3）监测中心。处理和存储采集到的水文数据并进行分析汇总（图 5-51）。

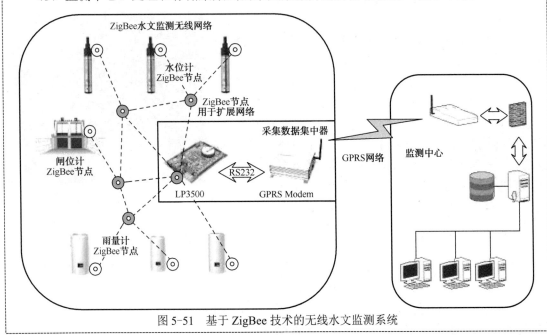

图 5-51　基于 ZigBee 技术的无线水文监测系统

ZigBee 是一种无线连接，可工作在 2.14 GHz（全球流行）、868 MHz（欧洲流行）和 915 MHz（美国流行）3 个频段上，分别具有最高 250 Kb/s、20 Kb/s 和 40 Kb/s 的传输速率，传输距离在 10～75 m 的范围内，但可以继续增加。作为一种无线通信技术，ZigBee 具有下列特点。

（1）低功耗：由于 ZigBee 的传输速率低，发射功率仅为 1 mW，而且采用了休眠模式，功耗低，因此 ZigBee 设备非常省电。据估算，ZigBee 设备仅靠两节 5 号电池就可以维持长达 6 个月到 2 年的使用时间，这是其他无线设备望尘莫及的。

（2）成本低：ZigBee 模块的初始成本在 6 美元左右，估计很快就能降到 1.5～2.5 美元之间，并且 ZigBee 协议是免专利费的。低成本对于 ZigBee 也是一个关键的因素。

（3）时延短：通信时延和从休眠状态激活的时延都非常短，典型的搜索设备时延为 30 ms，休眠激活的时延是 15 ms，活动设备信道接入的时延为 15 ms。因此 ZigBee 技术适用于对时延要求苛刻的无线控制（如工业控制场合等）应用。

（4）网络容量大：一个星形结构的 ZigBee 网络最多可以容纳 254 个从设备和一个主设备，一个区域内可以同时存在最多 100 个 ZigBee 网络，而且网络组成灵活。

（5）可靠：采取了碰撞避免策略，同时为需要固定带宽的通信业务预留了专用时隙，避开了发送数据的竞争和冲突。采用了完全确认的数据传输模式，每个发送的数据包都必须等待接收方的确认信息，如果传输过程中出现问题可以进行重发。

（6）安全：ZigBee 提供了基于循环冗余校验（CRC）的数据包完整性检查功能，支持鉴权和认证，采用了 AES-128 的加密算法，各个应用可以灵活确定其安全属性。

ZigBee 技术采用自组织网络，网络拓扑结构（图 5-52）可以随意变动，网络具有自愈功能，不会因为一个或几个节点坏掉而瘫痪，也不会因为增加一个或几个节点而影响整个网络的工作。

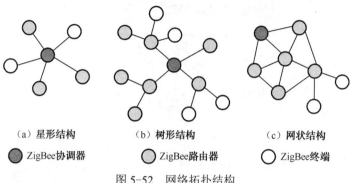

（a）星形结构　　　　（b）树形结构　　　　（c）网状结构

● ZigBee协调器　　　● ZigBee路由器　　　○ ZigBee终端

图 5-52　网络拓扑结构

小知识

ZigBee 技术所采用的自组织网是怎么回事？

举一个简单的例子就可以说明这个问题。当一队伞兵空降后，每人持有一个 ZigBee 网络模块终端，降落到地面后，只要他们彼此间在网络模块的通信范围内，通过彼此自动寻找，很快就可以形成一个互联互通的 ZigBee 网络。而且，由于人员的移动，彼此间的联络还会发生变化。因而，模块还可以通过重新寻找通信对象，确定彼此间的联络，来对原有网络进行刷新。这就是自组织网。

小知识

为什么要使用自组织网通信？

网状网通信实际上就是多通道通信。在实际工业现场，由于各种原因，往往并不能保证每一个无线通道都能够始终畅通，就像城市的街道一样，可能因为车祸、道路维修等，使得某条道路的交通出现暂时中断，此时由于我们有多个通道，车辆（相当于我们的控制数据）仍然可以通过其他道路到达目的地。而这一点对工业现场控制而言则非常重要。

ZigBee 的基础是 IEEE 802.15.4，这是 IEEE 无线个人区（Personal Area Network，PAN）工作组的一项标准，被称为 IEEE 802.15.4（ZigBee）技术标准。

小知识

电子与电气工程师协会 IEEE 于 2000 年底成立了 802.15.4 工作组，规定了 ZigBee 的物理层和媒体接入控制层。2001 年 8 月成立了 ZigBee 联盟，负责 ZigBee 规范的制定和应用推广工作。2004 年 12 月推出 ZigBee 规范的正式版本 ZigBee Specification V1.0。目前，ZigBee 标准在 ZigBee 联盟的推动下正日趋增强和完善，其实际工程应用正日益普及。

示例：

利用部署在监测路段的传感器节点，采用 ZigBee 组网，可获得车流量、车速等参数和路况信息（如积水、积雪、结冰等），传送给路边主控节点，完成数据收集任务。如图 5-53 所示，路况监测节点埋藏于路面下，交通参数监测节点安放在路边，主控节点安置在远离路边的地点，它们之间的传输距离维持在 100 m 左右。

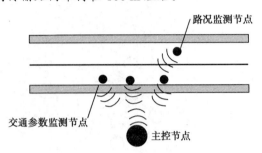

图 5-53　ZigBee 技术路段网络示意图

案例 5-8　ZigBee 无线控制智能路灯管理系统

ZigBee 无线控制智能路灯管理系统由一个控制系统中心（计算机系统+GPRS 数传终端）、若干移动控制终端（GPRS 数传终端）、若干子网控制器（ZigBee 协调器+GPRS 数传终端）、若干路灯路由器和若干路灯控制器组成无线控制网络。

通过子网控制器采用 GPRS 通信方式与系统中心联网，系统中心通过子网控制器发布命令可以任意控制网络内的每一盏路灯。路灯控制器除了常规控制开关、报警功能外，同时可以采集路灯的电压、电流、功率因素等信息。

在系统各子网内路灯控制器通信采用 ZigBee 协议，无须通信费用，子网控制器采用 GPRS 数传终端，对子网内采用 ZigBee 协议与路灯控制器通信，对系统中心通过 GPRS 通信。该无线控制网络由 GPRS 网络和 ZigBee 网络组成。

ZigBee 组网示意如图 5-54 所示。

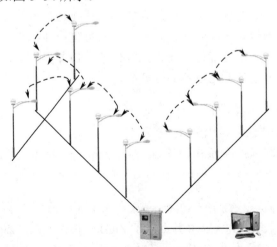

图 5-54　ZigBee 组网示意

无线控制智能路灯管理系统的组成单元如下。

1）路灯控制器

路灯控制器的主要功能有控制路灯开关、亮度调节、电流采集、电压采集、计算功率及功率因数等。单灯控制器分为模块式（内置灯具中）和外挂式（可内置灯杆中）。

2）子网管理器（ZigBee 协调器+GPRS 数传终端）

子网管理器的主要功能有接收和发送子网内的所有路灯控制信号、数据记录、报警处理等；负责控制子网内的路灯控制器运行；将系统中心的命令下达给路灯控制器；将路灯控制器及线路信息反馈给系统中心。子网控制器处于系统中心和各子网内路灯控制器的中间，向上通过 GPRS 方式与系统中心通信，向下则通过 ZigBee 通信协议方式同各个路灯路由器通信。

3）系统中心（计算机系统+GPRS 数传终端）

系统中心主要实现通过系统控制软件对不同子网下的路灯控制器进行远程数据访问和控制。

4）移动控制终端（GPRS 数传终端）

移动控制终端用于配备路灯管理和巡查人员，使得路灯管理和维护更加方便和快捷。

案例 5-9　酒店室内无线覆盖解决方案

随着全球信息技术和无线网络的高速发展，人们对无线上网的需求越来越强烈，客人除了住宿、餐饮、休闲之外，网络也成了生活不可缺少的一部分。从"唱 KTV 先问无线网络密码，为留住客人 KTV 被迫装 WiFi"可以看出，消费场所提供免费的无线 WiFi 上网成为人们的首选。

无线网络和有线网络的优缺点对比见表 5-6。

表 5-6　无线网络和有线网络的优缺点对比

	有 线 网 络	无 线 网 络
优点	网速快而且稳定	移动性和灵活性好，安装便捷，易于扩展
缺点	线多而且乱，安装维护麻烦	网速、稳定性、安全性低于有线网络
维护性	线路容易损坏和老化，维护不易	维护简单，维护成本低
扩展性	端口位置固定，变更和扩展麻烦	变更和扩展容易
移动性	接网线不方便，且 iPhone、iPad 没法接网线	不用接网线，极高的移动性和灵活性

随着技术的发展，无线网络速度不断提高，在日常上网和普通办公领域，无线网络逐渐取代有线网络。

目前最常用的覆盖方案是将 AP 和吸顶天线安装在楼道，施工简单，无线信号穿透到楼道两边的房间，不用对每个房间进行施工，也避免了设备装在客房容易损坏。整个方案设备少，故障点少，运行稳定，安装调试好后常年不用维护，如图 5-55 所示。

在每一楼层放置一套无线 AP，无线 AP 通过馈线连接吸顶天线安装在走廊，每个天线相距 10～20 m，每个天线覆盖 6～10 个房间，采用 RM2028 无线 AP 双路输出可接 2～4 个吸顶天线，能覆盖 16～24 个房间（图 5-56）。

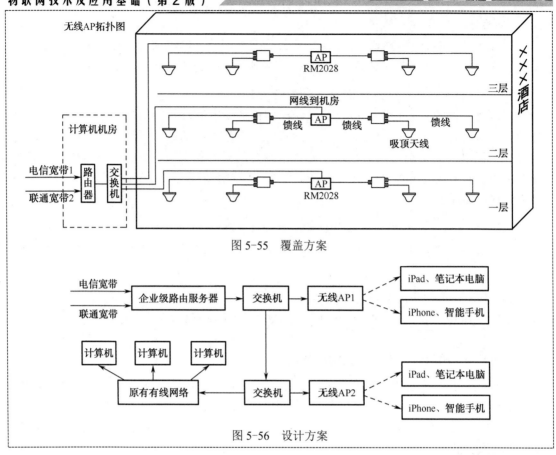

图 5-55　覆盖方案

图 5-56　设计方案

5.3.4　WiFi

扫一扫看
WiFi 教学
课件

　　无线高保真（Wireless Fidelity，WiFi）实际上是一种商业认证，具有 WiFi 认证的产品符合 IEEE 802.11 无线网络规范，它是当前应用最为广泛的 WLAN 无线局域网标准。WiFi 的主要特点是传输速率高、可靠性高、建网快速便捷、可移动性好、网络结构弹性化、组网灵活、组网价格较低等。IEEE 802.11 主要用于解决办公室局域网和校园中用户与用户终端的无线连接，其业务主要局限于数据访问，速率最高只能达到 2Mb/s。由于它在速率和传输距离上都不能满足人们的需要，因此，IEEE 又相继推出了 802.11b、802.11a、802.11g、802.11n、802.11ad、802.11ac 等多个新标准。

> **小知识**
>
> 什么是无线局域网？
>
> 　　无线通信网的分类方式可以有很多种，其中最常见的分类方式是按照通信距离来划分，主要可以分成无线个域网（WPAN）——802.15，无线局域网（WLAN）——802.11，无线城域网（WMAN）——802.16，无线广域网（WWAN）——802.20 共 4 种。无线局域网是以无线信道作为传输媒介的计算机局域网，是有线联网方式的补充和延伸。

　　WiFi 通过无线通信技术将计算机设备互联起来（图 5-57）。

图 5-57　无线局域网

WiFi 技术的优势在于以下几点。

（1）传输距离远。无线电波的覆盖范围广，基于蓝牙技术的电波覆盖范围非常小，半径约 15 m，而 WiFi 的半径约 100 m。办公室自不用说，就是在整栋大楼中也可使用。

（2）传输速度快。虽然由 WiFi 技术传输的无线通信质量不是很好，数据安全性能比蓝牙差一些，传输质量也有待改进，但传输速度非常快，可以达到 11 Mb/s，符合个人和社会信息化的需求。

（3）业务集成性。WiFi 技术能够将 WLAN 集成到已有的宽带网络中，也能将已有的宽带业务应用到 WLAN 中，从而可以利用已有的宽带有线接入资源，迅速地部署网络，形成无缝覆盖。

（4）建设便捷性。WiFi 最主要的优势在于不需要布线，可以不受布线条件的限制，因此非常适合移动办公用户的需要，具有广阔的市场前景。

（5）使用安全性。IEEE 802.11 规定的发射功率不可超过 100 mW，实际发射功率在 60～70 mW 之间，而手机的发射功率约 200 mW，手持式对讲机高达 5 W，而且无线网络使用方式并非像手机一样直接接触人体，是绝对安全的。

一个 WiFi 参考网络结构如图 5-58 所示。

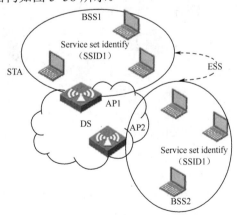

图 5-58　WiFi 网络结构

（1）站点（Station，STA）。网络最基本的组成部分。

（2）基本服务单元（Basic Service Set，BSS）。最简单的服务单元可以只由两个站点组成，站点可以动态连接到基本服务单元中。能互相进行无线通信的 STA 组成一个基本服务组 BSS，BBS 是 WLAN 的基本单元。

（3）分配系统（Distribution System，DS）。分配系统用于连接不同的基本服务单元。

（4）接入点（Access Point，AP），俗称网络桥接器，顾名思义即是当作传统的有线局域网络与无线局域网络的桥梁，因此任何一台装有无线网卡的 PC 均可透过 AP 去分享有线局域网络甚至广域网络的资源。除此之外，AP 本身又兼具网管的功能，可针对接有无线网卡的 PC 作必要的控管。

（5）扩展服务单元（Extended Service Set，ESS）。ESS 是指由多个 AP 及连接它们的分配系统 DS 组成的结构化网络，所有的 AP 共享一个 ESSID，一个 ESS 中可以包含多个 BSS。

小知识　WiFi 技术的拓扑结构

无线局域网的拓扑结构可归纳为两类，即无中心网络和有中心网络。

1）无中心网络

无中心网络是最简单的无线局域网结构，又称为无 AP 网络、对等网络或 Ad-Hoc（特别）网络，它由一组有无线接口的计算机（无线客户端）组成一个独立基本服务集（IBSS），这些无线客户端有相同的工作组名、ESSID 和密码，网络中任意两个站点之间均可直接通信（图 5-59）。

2）有中心网络

有中心网络由一个或多个无线 AP 及一系列无线客户端构成，网络拓扑结构如图 5-58 所示。在有中心网络中，一个无线 AP 及与其关联的无线客户端被称为一个 BSS，两个或多个 BSS 可构成一个 ESS（图 5-60）。

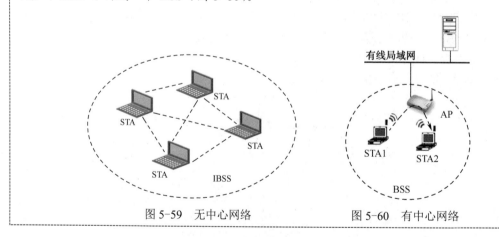

图 5-59　无中心网络　　　　　图 5-60　有中心网络

示例：

掌上移动终端的应用。WiFi 技术最让人耳熟能详的最主要应用莫过于掌上移动终端的应用，如智能手机，又如苹果系列的 iPad、iTouch 等。

近两年，市场上具备 WLAN 连接功能的智能手机越来越多。它们除了可以借助 GSM/CDMA 移动通信网络通话外，还能在 WiFi 无线局域网覆盖的区域内，共享 PC 上网或 VoIP 通话。WiFi 手机通过无线路由器共享上网非常方便，多数 WiFi 手机不需要做任何设

置，在无线路由器的信号覆盖范围内，WiFi 手机和无线路由器的默认设置下，WiFi 手机就能自动获取 IP 地址进行无线连接，并利用手机自带的 IE、MSN 等软件无线上网。

小知识

WiFi 与蓝牙技术有何区别？

蓝牙技术是一种 WPAN（无线个人域网）技术，而 WiFi 属于 WLAN（无线局域网）技术。两种技术为用户提供的服务不同，两类无线技术存在根本差异。

案例 5-10　大型智慧社区 WiFi 定位系统

智慧社区是智慧城市概念之下社区管理的一种新理念，是新形势下社会管理创新的一种新模式，以互联网、物联网为依托，运用 WiFi 无线通信、无线定位、无线传感、自动控制和多媒体等多种技术的有机融合，实现了小区管理的高度自动化，可以增加对出入小区访客、临时车辆等的管理，有效提升小区安防级别，改善物业的服务形象。同时，加强对物业人员的管理，需要对保安、保洁人员进行定位，以更快的响应速度为居民提供优质服务。

WiFi 技术已经在各类用户智能终端（智能手机、平板电脑等）中得到广泛普及，并且随着"无线城市"的发展，国内各大城市电信运营商、公司与家庭均已安装了大量的 WiFi 热点与网关，通过利用现有的这些 WiFi 设施，能够显著降低建设与长期运营成本，这些都是开展 WiFi 技术为主的无缝定位技术研究和推动 LBS 应用的最佳基础条件与保证。

（1）基于标准 WiFi 网络，无须额外搭建其他网络设施，极大地降低了系统的安装和工作成本。

（2）通过 WiFi 网络直接传递数据，定位的同时还能够无线上网。

（3）定位精度高，精度可达 3～5 m，局部区域达到 1 m，高度方向可实现楼层自动切换，实时性好。

（4）系统容量大，1 个 AP 支持 200 多个终端同时定位，分布式定位服务器支持数万人同时定位。

（5）定位终端多样，除了传统的 WiFi 标签卡之外，完美兼容各种 WiFi 智能设备的定位，如智能手机、平板电脑、笔记本电脑等都可以接入。

智慧社区 WiFi 定位系统架构示意图如图 5-61 所示。

整个人员定位系统的主要设备有定位终端（定位标签和智能终端）、定位 AP、定位服务器三种。其中定位 AP 需要借助接入交换机进行 POE 供电，同时上传定位信号到定位服务器；定位服务器安装在小区中心机房，用于处理定位信号和与小区视频监控系统的接口处理；监控计算机放在监控室，用于物业管理人员进行监控和调度。

访客管理：采用基于 WiFi 网络的定位技术，人员、车辆可携带便携式 WiFi 卡片，通过卡片可对访客进行定位、活动轨迹跟踪查看，以实现安保人员为访客提供及时服务。

保安、保洁人员管理：通过无线定位技术可看到保安是否按照规定线路巡逻，可即时通知保安为附近的业主提供服务；可查看保洁人员所在的位置，可精确到楼。

车辆管理：可通过对地面车辆的 WiFi 定位，让物业人员了解到小区地面不同停车区域内空余车位的数量，以便让安保人员对进出小区的临时车辆进行及时疏导。

业主通过手机 APP 或者 Web 实时查看家人位置，接收老人或小孩发出的主动求助信息并快速响应。

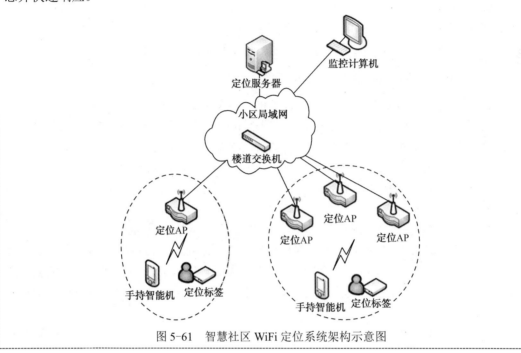

图 5-61　智慧社区 WiFi 定位系统架构示意图

思考与问答 5-3

（1）ZigBee 网络有哪几种拓扑结构？

（2）常用的短距离通信技术有哪些？各有什么特点？

训练任务 5-3　讨论智能电网中的通信技术

1. 任务目的

（1）了解不同通信技术的优缺点。

（2）能依据实际应用场景，选择合适的通信技术。

2. 任务要求

智能电网就是电网的智能化，也被称为"电网 2.0"，它建立在集成的、高速双向通信网络的基础上，通过先进的传感和测量技术、先进的设备技术、先进的控制方法，以及先进的决策支持系统技术的应用，实现电网的可靠、安全、经济、高效、环境友好和使用安全的目标。通信因其传输和感知功能被誉为电网的"神经系统"。

分组讨论"智能电网"中会使用到的通信技术，采取课内发言形式，时间要求 3 min。

3. 任务评价

序号	项目要求	得分情况
1	对所要用到的通信技术表述清楚（30）	
2	正确分析所需通信设备的作用（35）	
3	能清晰描绘系统的架构（35）	

内容小结

　　本单元介绍了物联网的通信及网络知识，重点介绍了通信的基础知识、短距离通信及移动通信的发展和应用。通过本模块的学习，能更好地了解与物联网相关的通信及网络技术，为以后的学习打下基础。

单元6

云计算

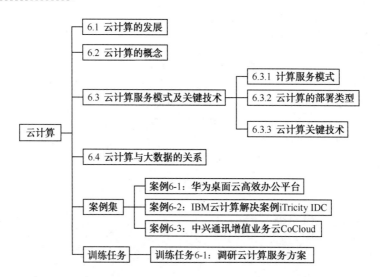

知识分布网络

- 云计算
  - 6.1 云计算的发展
  - 6.2 云计算的概念
  - 6.3 云计算服务模式及关键技术
    - 6.3.1 计算服务模式
    - 6.3.2 云计算的部署类型
    - 6.3.3 云计算关键技术
  - 6.4 云计算与大数据的关系
  - 案例集
    - 案例6-1：华为桌面云高效办公平台
    - 案例6-2：IBM云计算解决案例iTricity IDC
    - 案例6-3：中兴通讯增值业务云CoCloud
  - 训练任务
    - 训练任务6-1：调研云计算服务方案

A："什么是云计算呢？谁给个简单通俗点的解释啊⋯⋯"

B："大概就像是网络硬盘吧，可以进行文件上传和备份，还可以在线编辑文档啥的，没啥特别的啊，不是已经实现了吗，只觉得现在就是想把它们规划下罢了。"

A："汗。那叫网络硬盘吧⋯⋯"

So，Let's Go!

什么是云计算呢？

6.1 云计算的发展

在步入个人计算机时代的初始，用户发现计算机越来越多，期望计算机之间能够相互通信，实现互联互通。由此，实现计算机互联互通的互联网的概念出现了。技术人员按照互联网的概念设计出目前的计算机网络系统，允许不同硬件平台、不同软件平台的计算机上运行的程序相互之间交换数据。

在计算机实现互联互通以后，计算机网络上存有的信息和文档越来越多。用户在使用计算机的时候，发现信息和文档的交换较为困难，无法用便利和统一的方式来发布、交换和获取其他计算机上的数据、信息和文档。因此，实现计算机信息无缝交换的万维网概念出现了。目前全世界的计算机用户都可以依赖万维网的技术非常方便地浏览网页、交换文件等，同时，网景、雅虎、谷歌等企业依赖万维网的技术创造了巨量的财富。

万维网形成后，万维网上的信息越来越多，形成了一个信息爆炸的信息时代。在信息时代，2006 年底，全球数字信息的总量达到 161 EB（1 EB 等于 10^{18} B），相当于已出版的书籍量的 300 万倍，而且还在不断增加。如此规模的数据，使得用户在获取有用信息的时候存在极大的障碍，如同大海捞针。类似地，互联网上所连接的大量计算机设备提供的超大规模的 IT 能力（包括计算、存储、带宽、数据处理、软件服务等），用户也难以便利地获得，由此产生了在互联网/万维网上直接面向用户、提供用户需要的服务的需求，从而形成了云计算的概念。云计算的目标是在互联网和万维网的基础上，按照用户的需要和业务规模的要求，直接为用户提供所需要的服务。用户无须自己建设、部署和管理这些设施、系统和服务，只需要参照租用模式，按照使用量来支付使用这些云服务的费用。

云计算并不是一个全新的名称。1961 年，图灵奖得主 John McCarthy 提出计算能力将作为一种像水、电一样的公用事业提供给用户。2001 年，Google CEO Eric Schmidt 在搜索引擎大会上首次提出"云计算"的概念。2004 年，Amazon 陆续推出云计算服务，成为少数几个提供 99.95%正常运行时间保证的云计算供应商之一。2007 年，随着 IBM、Google 等公司的宣传，云计算概念开始获得全球公众和媒体的广泛关注，其体系结构如图 6-1 所示。

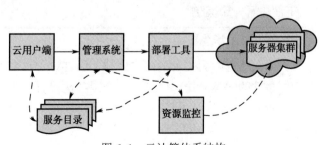

图 6-1　云计算体系结构

小知识　云计算发展历程

● 1983 年，太阳电脑（Sun Microsystems）提出"网络是电脑"。

● 2006 年 3 月，亚马逊（Amazon）推出弹性计算云（Elastic Compute Cloud；EC2）服务。

● 2006 年 8 月 9 日，Google 首席执行官埃里克·施密特（Eric Schmidt）在搜索引擎大会（SESSan Jose 2006）首次提出"云计算"（Cloud Computing）的概念。Google "云端计算"源于 Google 工程师克里斯托弗·比希利亚所做的"Google 101"项目。2007 年 10 月，Google 与 IBM 开始在美国大学校园，包括卡内基梅隆大学、麻省理工学院、斯坦福大学、加州大学柏克莱分校及马里兰大学等，推广云计算的计划。这项计划希望能降低分布式计算技术在学术研究方面的成本，并为这些大学提供相关的软硬件设备及技术支持（包括数百台个人电脑及 BladeCenter 与 System x 服务器，这些计算平台将提供 1600 个处理器，支持包括 Linux、Xen、Hadoop 等开放源代码平台），而学生则可以通过网络开发各项以大规模计算为基础的研究计划。

● 2008 年 1 月 30 日，Google 宣布在中国台湾启动"云计算学术计划"，将与台湾台大、台湾交大等学校合作，将这种先进的大规模、快速计算技术推广到校园。2008 年 7 月 29 日，雅虎、惠普和英特尔宣布一项涵盖美国、德国和新加坡的联合研究计划，推出云计算研究测试床，推进云计算。该计划要与合作伙伴创建 6 个数据中心作为研究试验平台，每个数据中心配置 1400～4000 个处理器。这些合作伙伴包括新加坡资讯通信发展管理局、德国卡尔斯鲁厄大学 Steinbuch 计算中心、美国伊利诺伊大学香槟分校、英特尔研究院、惠普实验室和雅虎。

● 2008 年 8 月 3 日，美国专利商标局网站信息显示，戴尔正在申请"云计算"（Cloud Computing）商标，此举旨在加强对这一未来可能的重塑技术。2010 年 3 月 5 日，Novell 与云安全联盟（CSA）共同宣布一项供应商中立计划，名为"可信任云计算计划（Trusted Cloud Initiative）"。

● 2010 年 7 月，美国国家航空航天局和 Rackspace、AMD、英特尔、戴尔等支持厂商共同宣布"OpenStack"开放源代码计划。微软在 2010 年 10 月表示支持 OpenStack 与 Windows Server 2008 R2 的集成，而 Ubuntu 已把 OpenStack 加至 11.04 版本中。2011 年 2 月，思科系统正式加入 OpenStack，重点研制 OpenStack 的网络服务。

下面先看一个案例。

案例 6-1　华为桌面云高效办公平台

作为全球影响力最大的华文媒体，CCTV 一直高度重视新闻报道业务的建设。为实现对新闻事件的快速采访，CCTV 在全国各地设置了大量的一线记者站，每天有数千名一线记者在新闻现场从事采访活动。对于一线记者采集的大量新闻素材，为了提升后期编辑、制作、播出的速度，CCTV 先后建成了节目生产管理系统、新闻信息管理系统、体育信息管理系统、数字制播系统等 IT 系统。这些 IT 系统的建成，大大加强了 CCTV 新闻报道的及时性。然而，对于大部分新闻而言，其采访、编辑、制作等工作，往往需要由一线记者独自完成；而一线记者由于现场采访的需要，很多时间都在外出差，只有在后期的编辑、制作阶段，一线记者才能回到办公室从事这些工作。这样一来，CCTV 现有的 IT 办公系统就面临着两大挑战。

（1）资源闲置，利用率低。由于一线记者办公的流动性，其在 CCTV 基本上都属于流动办公，很难固定座位。根据 CCTV 的统计，在全部的一线记者中，日常只有约 1/6 的记者在办公室办公。这样一来，若采用传统的每人固定一台 PC 的办公模式，将导致大量的 PC 与办公座位处于闲置状态，这显然不是 CCTV 所期望的。在新办公大楼交付之前，CCTV 开始寻求一种新的技术来改善这种局面。

（2）运维复杂，成本高。在引入桌面云之前，CCTV 一直采用传统的 PC 办公模式。由于 PC 是一套独立的系统，主要由使用者自行控制，难以集中管理与维护。比如日常的操作系统打补丁、新软件的推送等，都需要 IT 部门投入极大的人力进行维护。此外，PC 每次硬件升级换代，更是叫人苦不堪言。

解决方案：基于 CCTV 一线记者的流动办公模式，华为推荐采用桌面云的 Pool 模式来建设 CCTV 的记者办公系统（图 6-2）。所谓 Pool 模式，是指桌面云在向用户分配虚拟机时，采取"共享"（而非"独占"）的一种资源分配模式。在 Pool 模式下，当用户访问桌面云系统时，系统自动从空闲的虚拟机中分配资源，从而达到共享资源、提高资源利用率的目的。

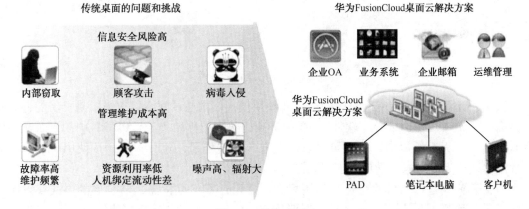

图 6-2 华为桌面云

2012 年底，CCTV 完成桌面云的部署。CCTV 只需部署 500 台虚拟桌面，就可以满足 3 000 名记者的流动办公需求，真正实现了弹性分配、按需分配，不仅大大节约了 IT 系统的投资，同时也满足了 CCTV 对于办公系统集中维护管理的要求。桌面云系统的主要硬件和软件均选用华为产品。主要硬件设备包括 3 台华为 E6000（服务器）和 1 台华为 N8300（存储），主要软件采用华为 Fusion 系列软件。

在运维方面，华为桌面云提供统一的运维平台，实现对虚拟机的统一、集中管理。其主要功能包括：Windows 桌面的统一交付、集中更新；应用软件的统一发布、集中更新；在系统上集中管理用户虚拟机的配置。相对于传统的 PC 办公系统，桌面云的运维效率提升 10 倍以上。通过部署华为桌面云系统，CCTV 以 500 台虚拟机满足 3 000 名记者的流动办公需求，大大提升了资源的利用率，节省了资金投入；同时桌面云支持统一运维，大大简化了 IT 管理。传统 PC 的功耗一般在 200 W 以上，而桌面云系统平摊到每台虚拟机的功耗一般为 35 W 左右。考虑到桌面云系统的连续运行，在采用节能技术后，桌面云每台虚拟机仍然可以节约 70%以上的功耗。统一的运维平台，使得桌面云可以快速发放业务、集中管理办公系统的各类软件。

6.2 云计算的概念

什么是云计算？说得明白一点，云计算其实就是更大限度地利用网络的资源。那为什么叫云，为什么不叫互联网计算？大多数计算的网络拓扑图都用一块"云"来表示互联网，于是就形成了云计算的说法，如图 6-3 所示。

扫一扫看云计算的定义教学课件

扫一扫看云计算的定义微课视频

图 6-3　云计算

狭义云计算是指 IT 基础设施的交付和使用模式，指通过网络以按需、易扩展的方式获得所需的资源（硬件、平台、软件）。提供资源的网络被称为"云"。"云"中的资源在使用者看来是可以无限扩展的，并且可以随时获取，按需使用，随时扩展，按使用付费。这种特性经常被称为像水电一样使用 IT 基础设施。

广义云计算是指服务的交付和使用模式，指通过网络以按需、易扩展的方式获得所需的服务。这种服务可以是 IT 和软件、互联网相关的，也可以是任意其他的服务。"云"是一些可以自我维护和管理的虚拟计算资源，通常为一些大型服务器集群，包括计算服务器、存储服务器、宽带资源等。

云计算将所有的计算资源集中起来，并由软件实现自动管理，无须人为参与。这使得应用提供者无须为烦琐的细节而烦恼，能够更加专注于自己的业务，有利于创新和降低成本。有人打了个比方：这就好比是从古老的单台发电机模式转向了电厂集中供电的模式。它意味着计算能力也可以作为一种商品进行流通，就像煤气、水电一样，取用方便，费用低廉。最大的不同在于，它是通过互联网进行传输的。

示例：

手机玩魔兽世界现在看起来可能是一个天方夜谭，不低的硬件配置让手机几乎不可能运行起来。但是在科技发展的今天，云计算已经相当成熟，未来你只需要一个 Android 手机就可以流畅运行魔兽世界了。

GameString 是一家云计算服务提供商，今天他们依靠云计算服务为大家展示了用 Android 手机玩魔兽世界的视频。在通常的情况下，没有任何一款手机可以运行起来这个游戏，不过 GameString 将主客户端放置在了服务器，而手机端仅仅是进行控制和画面传输。这个思路充分发挥了 3 G 时代云计算服务的优势，降低了终端的硬件需求。GameString 方面表示，目前该项技术的主要瓶颈在于网络带宽以及流畅度。

云计算服务一直以来都被普通用户认为是高高在上的技术，不过此次利用云计算让低配置的手机也可以运行魔兽世界，看来以后组团跟你 Raid 的人不一定都是坐在电脑前的了，可能就是在外面用手机玩的人了。

通俗的理解是，云计算的"云"就是存在于互联网上的服务器集群上的资源，它包括硬件资源（服务器、存储器、CPU 等）和软件资源（应用软件、集成开发环境等），本地计算机只需要通过互联网发送一个需求信息，远端就会有成千上万的计算机为你提供需要的资源并将结果返回到本地计算机，这样，本地计算机几乎不需要做什么，所有的处理都由云计算提供商所提供的计算机群来完成。

云计算的特点包括以下几方面。

（1）数据在云端：不怕丢失，不必备份，可以在任意点恢复。

（2）软件在云端：不必下载，自动升级。

扫一扫看云计算的特点教学课件

示例：

上网本（Netbook）的成功，以及移动网络（如可上网手机）的发迹，让云计算的普及性更高，人手一机是云计算很好的增长动力。上网本与手机通常被定义成较低性能的计算设备，也因此它们消耗较少的电力，同时具备相当程度的便携性。

一台上网本也许不能把肥大的 Photoshop 软件跑得很顺，也不能存储超大量的音乐文档。但感谢云计算之赐，上网本并不需要具备这些能力，它需要的只是一个浏览器，以及网络连接能力，这样就能够听大量的音乐，线上处理照片，或者是在云端发送电子邮件给其他联络人。

（3）无所不在的计算：在任何时间、任意地点、任何设备登录后就可以进行计算。

示例：

如果需要的只是打印一份文件，也许它同时需要包含一些基本的格式处理，并不需要微软 Word 软件的完整计算能力，只需要上网登录 Google Docs 就可以获得类似的效果。

（4）服务无限强大的计算：具有无限空间、无限速度。

示例：

多人协同操作的云计算。你可以在任何一台电脑上登入使用云端服务，而一个朋友或同事也可以登入并和你一起在一样的文件上工作。Google Docs 只是能够协同操作的一种办公室形态云计算服务。有些服务甚至还可以让人在全球不同的地点登入服务并同时在一样的文件上工作。

案例 6-2　IBM 云计算解决案例 iTricity IDC

IBM 把云计算视为一项重要的战略。IBM 已在全球范围内建立了 13 个云计算中心，拥有很多成功案例，并且已在中国帮助数个客户成功部署了云计算中心。IBM 可帮助企业建立内部私有云，也可建立对外服务的公共云。IBM 提供以下云计算服务：

（1）IBM 云计算专家提供深入的云计算技术讲解和咨询服务；

（2）帮助客户实现云计算技术的概念验证；

（3）帮助客户建立和部署云计算中心，并提供所需的硬件、软件和服务。

自 2005 年以来，iTricity 为来自荷兰、比利时、卢森堡和德国等多个国家的客户提供了主机托管服务，其客户的行业覆盖体育、政府、金融、汽车和医疗等。然而，随着数据中心的扩大和业务的逐渐扩展，iTricity 却陷入了烦恼之中：iTricity 的 5 个数据中心分别位于不同地区，因此，当客户托管的机器或是租用的机器出现问题时，因区域太大、业务模式复杂等原因，客户的需求无法得到及时响应。

此时云计算在业内已不是陌生的概念，不少客户纷纷提议希望以云计算的模式进行服务，在迫切期望预定云计算服务的客户的要求下，2008 年 iTricity 实施了某著名 IT 公司的解决方案。数据中心的所有资源都由全新的平台统一管理，并提供统一的服务接口，为管理者提供方便快捷的资源管理平台界面，也为用户提供资源和服务请求的接口。在这之后，iTricity 的计算服务将以月度信用卡记账的方式提供给用户，用户既可以缴纳固定费用，也可以按使用量交费。

作为一家 IDC 服务提供商，iTricity 在 IT 基础设施和服务水平方面面临如下挑战：

（1）Tricity 的 5 个数据中心分布在比利时、荷兰、卢森堡的 5 个地方，资源分散，利用率低；

（2）对客户需求的响应不够迅速，客户满意度下降；

（3）服务种类偏少，缺乏更具有吸引力和竞争力的增值业务服务；

（4）行业用户需要更有针对性的解决方案；

（5）过高的系统运营成本，包括能源消耗和系统管理成本。

IBM"云计算"计算解决方案：

（1）服务器虚拟化，网络虚拟化，部署 SAN 存储网络；

（2）让 5 个数据中心统一提供服务；

（3）多个数据中心的云计算资源池提供可靠性保证；

（4）利用其他数据中心的计算能力实现扩展。

IBM"云计算"带给 iTricity IDC 全新的商业模式：

（1）"按小时计费"的服务模式；

（2）托管多个公司的业务系统；

（3）部署客户的复杂应用；

（4）符合 ISO 27002 标准的安全性；

（5）把基础架构作为服务，客户可以快速获得或释放资源；

（6）为传统托管服务提供补充，增长空间巨大；

（7）增加服务竞争力，吸引优质客户，提升服务利润率；

（8）较低的人工费用和维护技能需求，较低的运营费用。

思考与问答 6-1

（1）什么叫云计算？

（2）云计算的意义何在？

6.3 云计算服务模式及关键技术

 扫一扫看云计算的结构教学课件 扫一扫看云计算的服务模式微课视频

6.3.1 云计算服务模式

从提供服务的类型上看，云计算分为三个层次：IaaS、PaaS 和 SaaS（图 6-4）。

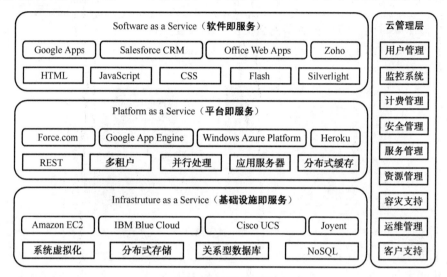

图 6-4 云计算架构

IaaS 全称 Infrastructure as Service，即"基础设施即服务"。IaaS 以硬件设备虚拟化为基础，组成硬件资源池，具备动态资源分配及回收能力，为应用软件提供所需的服务。硬件资源池并不区分为哪个应用系统提供服务，资源不够时整体扩容。

模拟场景描述如下：

（1）客户 A 开发/购买了一套 CRM 软件，不用搭建任何硬件平台和网络，只需向云服务商提供环境需求说明书，主要包括：计算能力（TPMC、WebSpec 等）、存储空间、备份要求、网络带宽、MTBF（平均无故障时间）、系统切换时间、系统软件要求等指标。

（2）云服务商将上述指标输送至 IaaS 管理平台，该平台根据现有硬件资源情况，完成环境需求到物理设备的映射，并根据 SLA 设置系统迁移切换模式，完成云端部署。

（3）云服务商不必了解具体部署位置，通知客户 A 服务开通。

（4）IaaS 管理平台按照客户 A 资源占用需求进行计费和收费（计费方式有资源提供情况、并发连接数、包月、流量等多种方式）。

示例：

亚马逊是互联网上最大的在线零售商，但是同时也为独立开发人员以及开发商提供云计算服务平台（图 6-5）。亚马逊将其云计算平台称为弹性计算云（Elastic Compute Cloud，EC2），它是最早提供远程云计算平台服务的公司。

Amazon 利用弹性计算云（EC2）和简单存储服务（S3）为企业提供计算和存储服务，收费的服务项目包括

图 6-5 亚马逊

存储服务器、带宽、CPU 资源以及月租费。月租费与电话月租费类似，存储服务器、带宽按容量收费，CPU 根据时长（小时）运算量收费。

Amazon 把云计算做成一个大生意没有花太长的时间：不到两年时间，Amazon 上的注册开发人员达 44 万人，还有为数众多的企业级用户。

有第三方统计机构提供的数据显示，Amazon 与云计算相关的业务收入已达 1 亿美元。云计算是 Amazon 增长最快的业务之一。

小知识　云计算时代，刀片服务器是数据中心的最佳选择

由于虚拟化技术和云计算的大行其道，刀片服务器（图 6-6）似乎也顺应这一大潮成为用户更青睐的硬件选择。

图 6-6　刀片服务器

（1）空间密度的优势：相比于机架式服务器，刀片服务器节省了更多空间。实际上，刀片服务器将机架服务器所占用的空间密度提高了 50%。在机柜系统配置好的前提下，将 1U 机架式服务器系统迁移到刀片服务器上，所占用的空间是原来的 1/3～1/2；而在一个标准的机柜式环境中，刀片服务器的处理密度要提高 4～5 倍。

（2）机房布线和管理方面的优势：刀片服务器在机房布线时只要统一布设网线和电源线，刀片服务器之间不需要人为布线；而机架式服务器则要分别对每台服务器的网线、电源线进行配线，如果一个机柜上要安装多台服务器，机柜后面的布线就非常多，看起来会很凌乱。

（3）扩展性的优势：在扩展性方面，机架式服务器因为机箱空间小，所以机箱内的扩展性能较差；而刀片服务器在向上扩展和向外扩展方面均具有创新性。添加新服务器一般只需将新的单处理器或多处理器刀片服务器插入到机箱的开放式托架中即可。

（4）可靠性的优势：采用普通机架式服务器方案时，电源线、网线产生的大量接插点形成了大量潜在的"问题点"，换成刀片服务器机箱和刀片服务器解决方案后，原先的网络、电源接插点减少了，同时也就增加了系统的可靠性。

刀片服务器的所有关键组件均可实现冗余或热插拔，其中包括冷却系统、电源、以太网控制器与交换机、中间背板与背板、硬盘及服务处理器等。卸下服务器进行维修仅意味着将刀片服务器拖出机箱，这就像拆卸热插拔硬盘一样简单。高级刀片服务器系统提供了实现高度敏感维修的智能方式。高级诊断功能可指导维修人员直接找到故障部件，从而实现快速有效的恢复，有些刀片服务器甚至不会出现单点故障。机架式服务器维护相比刀片则复杂一些。

PaaS 全称 Platform as Service，即"平台及服务"。层次介于 IaaS 和 SaaS 之间，是把服

务器平台或开发环境作为一种服务提供的商业模式，提供集成开发环境、服务器平台等服务，用户使用 PaaS 开发应用程序并通过互联网和其服务器传给其他用户（图 6-7）。所谓 PaaS 实际上是指将软件研发的平台作为一种服务，以 SaaS 的模式提交给用户。因此，PaaS 也是 SaaS 模式的一种应用，但是，PaaS 的出现可以加快 SaaS 的发展，尤其是加快 SaaS 应用的开发速度。

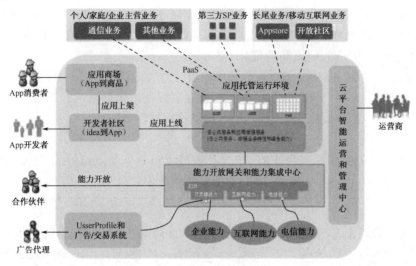

图 6-7　PaaS 开发平台

示例：

国内的 SaaS 厂商八百客的 PaaS 开发平台，用户不再需要任何编程即可开发 CRM、OA、HR、SCM、进销存管理等任何企业管理软件，而且不需要使用其他软件开发工具并立即在线运行。

PaaS 云的目标是开源，PaaS 云包含几个关键的元素：一个简单易用的开发环境，最好是图形化可见即所得的，在线的开发环境交互性最好；一个能获得求助和进行交流的开发者社区；一个易申请的大规模测试环境（测试云）；一个易操作的业务发布管理系统；低成本的业务发布部署环境；可以根据业务量大小弹性伸缩的业务运行平台。

SaaS 全称 Software as Service，即"软件即服务"，是一种基于互联网提供软件服务的应用模式，使用基于 Web 的软件提供在线软件服务。严格来讲 SaaS 构建于 IaaS 之上，部署于云上的 SaaS 应用软件的基本特征是具备多用户能力，便于多个用户群体通过应用参数的不同设置，共同使用该应用，且产生的数据均存储在云端（图 6-8）。

图 6-8　软件即服务

模拟场景描述如下：

（1）云服务商发布其 SaaS 产品"云 CRM 系统"。

（2）客户 A 经业务受理及开通后，通过特定入口登录该系统，进行适合于自己机构特征的配置，包括机构组织、客户群体、关注数据及服务流程等，设定后即可开通服务。

（3）客户 B、C、D…经业务受理及开通后，可参照客户 A 的流程，开通使用 CRM 系统。

从表现上，每个客户与每个客户的"系统"均不相同。SaaS 与一般网络应用的区别在于：不同的用户通过不同的设置实现不同的功能，而一般网络应用几乎都按照同样的实例运行，几乎无法进行灵活的配置和调整。

对于广大中小型企业来说，SaaS 是采用先进技术实施信息化的最好途径。企业无须购买软硬件、建设机房、招聘 IT 人员，即可通过互联网使用信息系统。就像打开自来水龙头就能用水一样，企业根据实际需要，向 SaaS 提供租赁软件服务。

示例：

SaaS 在人力资源管理程序和 ERP 中比较常用，Salesforce.com 是迄今为止提供这类服务最为出名的公司，Google Apps 和 Zoho Office 也是类似的服务。

小知识

SaaS 是一种随着互联网技术的发展和应用软件的成熟，在 21 世纪开始兴起的完全创新的软件应用模式，例如国内厂商八百客、沃利森的 CRM、ERP 的在线应用，用友、金蝶的在线财务软件，国外的 Salesforce.com、RightNow 提供的 CRM 在线应用。SaaS 服务模式与传统的销售软件永久许可证的方式有很大的不同，它采用软件租赁的形式，这种模式是未来管理软件的发展趋势。

现阶段这种类型的云计算通过浏览器把程序传给成千上万的用户，在用户看来，这样会省去在服务器和软件授权上的开支；从供应商角度来看，这样只需要维持一个程序就够了，能够减少成本。

IaaS 就好比是高速公路，PaaS 是公路上的汽车，SaaS 就是运输货物的物流公司（图 6-9）。

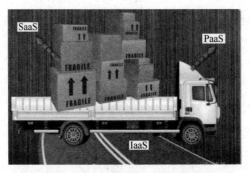

图 6-9　IaaS、PaaS、SaaS 的区别

6.3.2　云计算的部署类型

根据美国国家标准研究所的定义，云计算可以按四种不同的类型进行部署，分别是私有云、公有云、混合云以及社区云。

私有云指的是部署在一个封闭和特定环境（网络封闭或者服务范围封闭）中的一个云计算系统。该系统边界明确，仅对指定范围内的人员提供服务。该范围以外的人员和系统无法使用该云，比如非服务区域或者非指定内部网络的人不能使用私有云上的云服务。

公有云指的是部署在一个开放环境中，为所有具备网络接入能力的人和系统提供服务。用户通过互联网访问和使用公有云的服务，但不拥有云也不管理云。

混合云指的是以私有云为基础，能够在业务负载超越私有云自身能力或其他指定的情况下，把部分业务负载透明地分流到其他云上进行处理，使得私有云和部分其他云的资源整合在一起形成的一个系统。

社区云指的是利用多个提供商提供的软硬件基础设施、网络以及软件服务等，通过一定的协议进行资源共享和协同而形成的云计算系统。

6.3.3 云计算关键技术

1. 虚拟化

虚拟化是实现云计算的最重要的技术基础。虚拟化技术实现了物理资源的逻辑抽象和统一表示。通过虚拟化技术可以提高资源的利用率，并能够根据用户业务需求的变化，快速、灵活地进行资源部署。

在云计算环境中，通过在物理主机中同时运行多个虚拟机实现虚拟化。多个虚拟机运行在虚拟化平台上，由虚拟化平台实现对多个虚拟机操作系统的监视和多个虚拟机对物理资源的共享（图 6-10）。

虚拟化平台的优势列举如下。

（1）平台虚拟化实现资源最优利用。利用虚拟化技术，在一台物理服务器或一套硬件资源上虚拟出多个虚拟机，让不同的应用服务运行在不同的虚拟机上，在不降低系统鲁棒性、安全性和可扩展性的同时，可提高硬件的利用率，减少应用对硬件平台的依赖性，从而使得企业能够削减资金和运营成本，同时改善 IT 服务交付，而不用受到有限的操作系统、应用程序和硬件选择范围的制约。

图 6-10 虚拟化平台

（2）利用虚拟机与硬件无关的特性，按需分配资源，实现动态负载均衡。当 VM 监测到某个计算节点的负载过高时，可以在不中断业务的情况下，将其迁移到其他负载较轻的节点或者在节点内重新分配计算资源。同时，执行紧迫计算任务的虚拟机将得到更多的计算资源，保证关键任务的响应能力。

（3）平台虚拟化带来系统自愈功能，提升系统可靠性。系统服务器硬件故障时，可自动重启虚拟机。消除在不同硬件上恢复操作系统和应用程序安装所带来的困难，其中任何物理服务器均可作为虚拟服务器的恢复目标，进而降低硬件成本和维护成本。

（4）提升系统节能减排能力。与服务器管理硬件配合实现智能电源管理；优化虚拟机资源的实际运行位置，达到耗电最小化，从而可为运营商节省大量电力资源，减少供电成本，节能减排。

2. 分布式文件系统

分布式文件系统是指在文件系统基础上发展而来的云存储分布式文件系统，可用于大规模集群，主要特性如下所述。

（1）高可靠性：云存储系统支持节点间保存多副本功能，以保证数据的可靠性。

（2）高访问性能：根据数据重要性和访问频率，将数据分级多副本存储，热点数据并行读写，提高访问性能。

（3）在线迁移、复制：存储节点支持在线迁移、复制，扩容不影响上层应用。

（4）自动负载均衡：可以依据当前系统负荷将原有节点上的数据搬移到新增的节点。特有的分片存储，以块为最小单位来存储，存储和查询时所有存储节点并行计算。

案例 6-3　中兴通讯增值业务云 CoCloud

中兴通讯从 2003 年开始从事云计算研究，启动服务器、磁阵、刀片等硬件系列产品研发，为云硬件资源池建设提供支撑。经过多年投入，中兴通讯率先提出"可落地云"增值业务云"CoCloud"，提供云计算端到端整体解决方案。相对于传统的操作系统，中兴通讯 CoCloud 云操作系统通过业务流程展现、智能资源模板建议、对业务的良好适配、异构管理等，加速实现资源的动态流转。

中兴通讯的 CoCloud 增值业务云服务栈提供了 IaaS、PaaS、SaaS 多层次云服务模式，包括统一开放环境 UOE/Mahup PaaS 云平台、云存储、多业务云调度、ECP、NGCC、VPBX、应用工厂等多种云服务方案（图 6-11）。

中兴通讯 CoCloud 增值业务云优势如下。

（1）先进的软件自适应自动部署方式：实时监控各个业务节点的资源情况，根据预先定制的策略，增加或者减少业务节点，可以自动安装、启动、关闭业务软件，做到软件根据业务节点资源状况自适应部署。

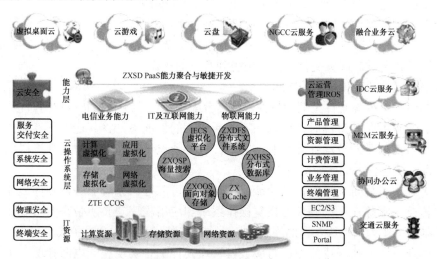

图 6-11　中兴通讯 CoCloud

（2）灵活高效的业务扩展方式：在已有的云计算平台上通过简单的配置后，就可以为新的业务分配资源，迅速开展新的业务。

（3）统一运维管理：基于云计算平台开展业务后，基于同样的基础架构开展多种业务，目前的运维管理方式需要转变，不再是烟囱式的建设和运维。统一的云管理平台，通过分权分域的方式，让维护人员进行业务和设备的管理。

（4）自动在线升级功能：提供软件版本中心，手工或者自动进行业务版本以及虚拟化软件版本的升级。

（5）绿色节能：在业务层面做到软件自适应自动部署，在业务闲时只保留必要的业务节点，减少了虚拟机资源的使用，减少了资源的消耗；在虚拟化层面，通过资源动态均衡方案和绿色节能方案相结合，将虚拟机部署在恰当的物理机上，除保留必要的备用物理机之外，将其他的物理机进行节能管理，从而减少运营商在业务闲时不必要的能源消耗，实现绿色数据中心。

（6）多层次容灾：硬件发生故障时，虚拟机管理中心自动将虚拟机迁移到其他物理机上，做到虚拟层的容灾；虚拟机发生故障不能恢复时，应用软件部署子系统将故障虚拟机资源释放，并重新申请新的虚拟机来运行故障的业务节点。

（7）平滑扩容：采用分层结构，业务层面和虚拟机层面之间采用松耦合方式，当物理资源不够用时，直接在资源池中增加物理机并安装虚拟软件后即可使用；当业务处理能力不够时，业务层面的自适应自动部署机制会自动增加节点，实现业务能力的扩容。

6.4 云计算与大数据的关系

本质上，云计算与大数据的关系是静与动的关系：云计算强调的是计算，这是动的概念；而数据则是计算的对象，是静的概念。如果结合实际应用，前者强调的是计算能力，或者看重存储能力；但是这并不意味着两个概念就如此泾渭分明。大数据需要处理大数据的能力（数据获取、清洁、转换、统计等），其实就是强大的计算能力；另一方面，云计算的动也是相对而言的，比如基础设施即服务中的存储设备提供的主要是数据存储能力，所以可谓是动中有静（图 6-12）。如果数据是财富，那么大数据就是宝藏，而云计算就是挖掘和利用宝藏的利器！

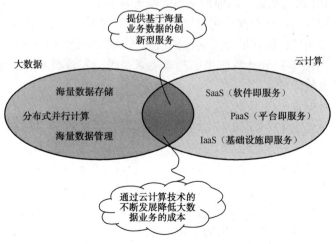

图 6-12 云计算与大数据的关系

大数据时代的超大数据体量和占相当比例的半结构化及非结构化数据的存在，已经超越了传统数据库的管理能力，大数据技术将是 IT 领域新一代的技术与架构，它将帮助人们存储管理好大数据并从大体量、高复杂的数据中提取价值，相关的技术、产品将不断涌现，有可能开拓 IT 行业一个新的黄金时代。大数据本质也是数据，其关键的技术依然逃不开大数据存储和管理以及大数据检索使用（包括数据挖掘和智能分析）。围绕大数据，一批新兴的数据挖掘、数据存储、数据处理与分析技术将不断涌现，使我们处理海量数据更加容易、便宜和迅速，成为企业业务经营的好助手，甚至可以改变许多行业的经营方式。

1. 大数据的商业模式与架构——云计算及其分布式结构是重要途径

大数据处理技术正在改变目前计算机的运行模式，正在改变着这个世界。

它能处理几乎各种类型的海量数据，无论是微博、文章、电子邮件、文档、音频、视频，还是其他形态的数据；它的工作速度非常快，实际上几乎可以达到实时。

它具有普及性，因为它所用的都是最普通低成本的硬件，而云计算将计算任务分布在大量计算机构成的资源池上，使用户能够按需获取计算力、存储空间和信息服务。

云计算及其技术给了人们廉价获取巨量计算和存储的能力，云计算分布式架构能够很好地支持大数据存储和处理需求。这样的低成本硬件+低成本软件+低成本运维，更加经济和实用，使得大数据处理和利用成为可能。

2. 大数据的存储和管理——云数据库的必然

云数据库，提供了海量数据的并行处理能力和良好的可伸缩性等特性，提供同时支持在线分析处理（OLAP）和在线事务处理（OLTP）能力，以及超强性能的数据库云服务，并成为集群环境和云计算环境的理想平台。它是一个高度可扩展、安全和可容错的软件，客户能通过整合降低 IT 成本，管理多个数据，提高所有应用程序的性能，实时地做出更好的业务决策。

这样的云数据库要能够满足以下条件。

（1）海量数据处理：对于类似搜索引擎和电信运营商级的经营分析系统这样大型的应用，需要能够处理 PB 级的数据，同时应对百万级的流量。

（2）大规模集群管理：分布式应用可以更加简单地部署、应用和管理。

（3）低延迟读写速度：快速的响应速度能够极大地提高用户的满意度。

（4）建设及运营成本：云计算应用的基本要求是希望在硬件成本、软件成本以及人力成本方面都有大幅度的降低。

云计算能为大数据带来以下变化：

（1）云计算为大数据提供了可以弹性扩展且相对便宜的存储空间和计算资源，使得中小企业也可以像亚马逊一样通过云计算来完成大数据分析。

（2）云计算 IT 资源庞大，分布较为广泛，是异构系统较多的企业及时准确处理数据的有力方式，甚至是唯一方式。当然，大数据要走向云计算还有赖于数据通信带宽的提高和云资源的建设，需要确保原始数据能迁移到云环境以及资源池可以随需弹性扩展。数据分析集逐步扩大，企业级数据仓库将成为主流，未来还将逐步纳入行业数据、政府公开数据等多来源数据。

当人们从大数据分析中尝到甜头后，数据分析集就会逐步扩大。目前大部分的企业所分析的数据量一般以 TB 为单位，按照目前数据的发展速度，很快将会进入 PB 时代。特别是目前在 100～500 TB 和 500+TB 范围的分析数据集的数量呈 3～4 倍的增长。随着数据分析集的扩大，以前部门层级的数据集将不能满足大数据分析的需求，它们将成为企业级数据库（EDW）的一个子集。根据 TDWI 的调查，如今大概有 2/3 的用户已经在使用企业级数据库，未来这一比例将会更高。传统的分析数据库可以正常持续，但是会有一些变化，一方面，数据集和操作性数据存储（ODS）的数量会减少，另一方面，传统的数据库厂商会提升他们产品的数据容量、细目数据和数据类型，以满足大数据分析的需要。

小知识　判断是否是云计算的 15 种方法

（1）如果标称是"网格"或"OGSA（开放网格服务架构）"，那么它不是云。

（2）如果需要向厂商提供一份几十页的需求说明书，那么它不是云。

（3）如果不能用自己的信用卡来购买，那么它不是云。

（4）如果他们想卖硬件设备，那么它不是云。

（5）如果没有提供 API，那么它不是云。

（6）如果需要重新构架系统，那么它不是云。

（7）如果不能在 10 min 之内部署服务器，那么它不是云。

（8）如果不能在 10 min 之撤销服务器，那么它不是云。

（9）如果知道所使用的机器的具体位置，那么它不是云。

（10）如果需要有一个咨询顾问来帮助，那么它不是云。

（11）如果需要事先准备好所需机器数目清单，那么它不是云。

（12）如果它只运行一种操作系统，那么它不是云。

（13）如果不用把它连到自己的机器上去，那么它不是云。

（14）如果需要安装软件才能使用它，那么它不是云。

（15）如果拥有所有这些硬件，那么它不是云。

思考与问答 6-2

（1）阐述云计算的体系架构。

（2）云的部署分类有哪些？

（3）云计算的特点有哪些？云计算的服务层次有哪些？

训练任务 6-1　调研云计算服务方案

1. 任务目的

（1）了解物联网信息处理技术。

（2）了解云计算及其应用。

2. 任务要求

通过书籍和网络资料，对目前国内外各地的云计算服务方案进行素材收集与分析，编写调研报告。报告包含：

（1）准确的方案分析。

（2）具体的分析和结论报告。

（3）结合分析结果提出自己的建议。

（4）采用 Word 整理调研报告。

3. 任务评价

评估标准

序号	项 目 要 求	分　值
1	翔实的基础数据	20
2	准确的方案分析	20
3	具体的分析结论报告	30
4	提出自己的建议	20
5	报告的文字和整体性	10

内容小结

本单元介绍了云计算的基本概念和云计算的特点，包括云计算的体系结构和主要服务，同时对云计算的应用进行了介绍。通过本单元的学习，可以对云计算有一个基本了解，为以后的学习打下基础。

单元 7

物联网安全技术

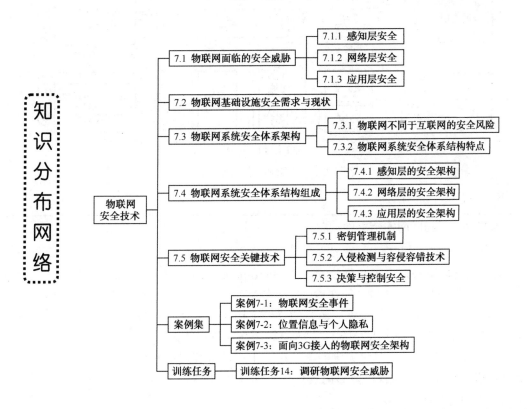

7.1 物联网面临的安全威胁

随着物联网建设的加快，物联网的安全问题成为制约物联网全面发展的重要因素。在物联网发展的高级阶段，由于物联网场景中的实体均具有一定的感知、计算和执行能力，广泛存在的这些感知设备将会对国家基础、社会和个人信息安全构成新的威胁。一方面，由于物联网具有网络技术种类上兼容和业务范围上无限扩展的特点，因此当大到国家电网数据，小到个人病例都接到看似无边界的物联网时，将可能导致更多的公众个人信息在任何时候、任何地方被非法获取；另一方面，随着国家重要的基础行业和社会关键服务领域如电力、医疗等都依赖于物联网和感知业务，国家基础领域的动态信息将可能被窃取。所有这些问题使得物联网安全上升到国家层面，成为影响国家发展和社会稳定的重要因素（图 7-1）。

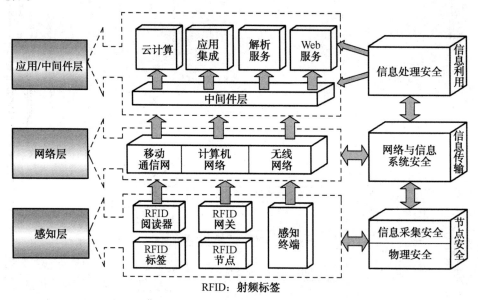

图 7-1 物联网的安全层次结构

下面先看一个案例。

案例 7-1 物联网安全事件

事件一：智能家电僵尸网络攻击

（1）2014 年初，电子邮件安全厂商 Proofpoint 公司的研究人员首次发现了涉及电视、冰箱等智能家电（图 7-2）在内的大规模网络攻击。在这起全球首例物联网攻击事件中，10 余万台互联网智能家电在黑客的操控下构成了一个恶意僵尸网络，并在两周时间内向那些毫无防备的受害者发送了约 75 万封网络钓鱼邮件。

（2）2013 年，韩国首尔大学的李承申博士通过带有病毒的邮件或网站侵入并控制三星电视机。被侵入的电视机能够向任何地点的计算机设备播送电视播放的内容，即使是在电视关闭的时候也可以。

事件二：智能手机及嵌入式设备僵尸网络攻击

（1）2012 年，俄罗斯安全厂商大蜘蛛发现一种新型 Android 木马病毒，可在用户设备发动 DDoS 攻击行为。该软件伪装成 Google Play 商店，可以听指令对目标服务器发动 DDoS 攻击和发垃圾信息给指定号码。

（2）2012 年，一位匿名研究人员声称劫持了 42 万台在线嵌入式设备，并将其组成为一张规模庞大的僵尸网络。这张以"罗马生命女神卡纳"为绰号的僵尸网络很短时间内就收集了 9TB 数据并公开发布在网上。数据中含有各种各样的端口扫描结果、数以百万计的路由追踪记录以及其他信息。

（3）国家互联网应急中心提供的数据：2012 年移动互联网恶意程序样本 162 981 个，较 2011 年增长 25 倍，其中约有 82.5% 的样本针对安卓平台（图 7-3）。

图 7-2　智能家电

图 7-3　智能设备网络攻击

事件三：巴西大规模家用路由器被黑

（1）2011 年，巴西 450 万户家庭的 DSL Modem 被黑，黑客通过在这些设备上配置钓鱼网站，骗取网银等信息，最终导致宽带用户财产损失惨重。

（2）据称，全球已经有超过 5% 的家用路由器被黑客所掌握。思科、瞻博等厂商也承认他们的部分路由器产品存在着 OpenSSL "心脏出血" 漏洞：路由器在受到感染后，可以发动 DDoS 攻击，域名解析被劫持，导致浏览器重定向或弹广告，甚至偷偷在后台利用有限的计算能力给黑客挖比特币（图 7-4）。

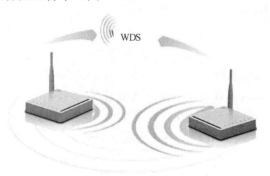

图 7-4　路由器攻击

事件四：针对飞行客机的模拟攻击演示

2013 年，在荷兰阿姆斯特丹举行的 "The Hack in The Box" 黑客安全大会上，一个名叫 Hugo Teso 的飞行员模拟演示了如何利用一部三星 Android 智能手机实现对一架飞行客机的飞行数字系统实施攻击的过程。Hugo Teso 破坏的是飞机自动跟踪监视广播和飞机通信寻址与报告系统。这两个系统存在很大的安全隐患，与地面服务器进行往来联系时未实施加密，很容易受到被动和主动的攻击，因此给黑客带来可乘之机，使其可以很容易地侵入到飞机的飞行控制软件系统。模拟演示表明，黑客可以侵入到处于飞行状态下的控制软件系统，操控飞机的自动驾驶仪，从而导致飞机存在空中碰撞的危险。黑客甚至可以随时操控乘客舱只有在紧急状态下才启动的氧气面罩脱落程序。

事件五：针对可穿戴智能设备的入侵

（1）2013 年，安全研究机构 Lookout 发现一个谷歌眼镜（图 7-5）的安全漏洞，这一漏洞与安卓系统 4.0.4 的漏洞相配合，可以使黑客得到眼镜的全部控制权限。黑客利用谷歌眼镜扫描非法二维码即可获得眼镜控制权。

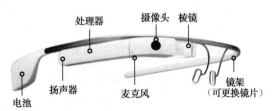

图 7-5　谷歌眼镜

（2）2011 年，InGuardians 的高级安全分析师杰尔姆·拉德克利夫（Jerome Radcliffe）成功地对自己的胰岛素注射器实施了黑客攻击和入侵；这一入侵可对糖尿病患者造成重大伤害，破坏手段可以是使设备失灵，或在最远达 150 英尺的地方将胰岛素注射量推高至不安全的水平。

7.1.1　感知层安全

扫一扫看感知层的安全问题教学课件

物联网感知层的任务是实现智能感知外界信息功能，包括信息采集、捕获和物体识别。该层的典型设备包括 RFID 装置、各类传感器（如红外、超声、温度、湿度、速度等）、图像捕捉装置（摄像头）、全球定位系统（GPS）、激光扫描仪等，这些设备收集的信息通常具有明确的应用目的，因此传统上这些信息直接被处理并应用，如公路摄像头捕捉的图像信息直接用于交通监控。但是在物联网应用中，多种类型的感知信息可能会同时处理，综合利用，甚至不同感应信息的结果将影响其他控制调节行为，如湿度的感应结果可能会影响到温度或光照控制的调节。同时，物联网应用强调的是信息共享，这是物联网区别于传感网的重要特点之一。比如交通监控录像信息可能还同时被用于公安侦破、城市改造规划设计、城市环境监测等。因此感知层安全性显得尤为重要（图 7-6）。

在物联网的整体架构中，感知层处于最底层，也是最基础的层面，这个层面的信息安全最容易受到威胁。感知层在收集信息的过程中，主要应用射频识别技术（RFID）和无线传感器网络（WSN）。物联网感知层的安全问题实质上是 RFID 系统和 WSN 系统的安全问题。

1. 传感技术及其联网安全

作为物联网的基础单元，传感器在物联网信息采集层面能否如愿以偿完成它的使命，成为物联网感知任务成败的关键。与传统无线网络一样，传感器网络的消息通信会受到监听、篡改、伪造和阻断攻击（图 7-7）。

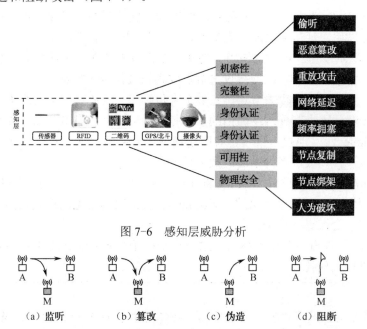

图 7-6　感知层威胁分析

（a）监听　　　（b）篡改　　　（c）伪造　　　（d）阻断

图 7-7　无线网络中 4 种通信安全威胁

由于传感网络本身具有无线链路比较脆弱，网络拓扑动态变化，节点计算能力、存储能力和能源有限，无线通信过程中易受到干扰等缺点，传统的安全机制无法应用到传感网络中。

在 WSN 中，最小的资源消耗和最大的安全性能之间的矛盾是限制传感器网络安全性的首要问题。WSN 在空间上的开放性，使得攻击者可以很容易地窃听、拦截、篡改、重播数据包。网络中的节点能量有限，使得 WSN 易受到资源消耗型攻击。而且由于节点部署区域的特殊性，攻击者可能捕获节点并对节点本身进行破坏或破解。

无线传感器网络安全攻击有以下几种。

（1）物理破坏：通过捕获传感器节点，对其进行物理破坏，导致其无法正常工作，可以冒充身份进一步获得数据信息。

（2）信息泄露：无线信号在空间上是暴露的，攻击者通过监听，主动或被动分析流量。

（3）阻塞攻击：攻击者在无线传感器网络工作的频段不断发射无用信号，使攻击节点通信半径内的传感器节点无法正常工作。

（4）耗尽攻击：利用协议漏洞，持续向一个节点发送数据包，使节点忙于应答无意义的数据包，最终导致资源耗尽。

（5）碰撞攻击：利用数据链路层媒体接入机制的漏洞，使得发送的数据包产生碰撞，导致正常数据包被丢弃，丢弃也会导致不断重传，从而耗尽节点能量。

（6）链路层 DoS 攻击：攻击者利用捕获节点或者恶意节点不断发送高优先级别的数据包，导致其他节点在通信过程中始终处于劣势，无法正常工作。

（7）路由攻击：攻击者发送大量的欺骗路由报文，或者篡改其他数据包中的路由信息，使全网数据流向某个固定节点或区域，导致节点能量失去平衡；或者形成路由环路，耗尽网络能量。

（8）网络层 DoS 攻击：攻击者利用硬件失效、软件漏洞、资源耗尽、环境干扰及这些因素之间的相互作用，耗尽网络或节点资源，导致其无法正常工作。

（9）Flood 泛洪攻击：攻击者使用大功率无线设备来广播 Hello 报文，使网络中部分甚至全部节点确信它是邻近节点，使得攻击节点成为报文传输的瓶颈。

（10）Sybil 女巫攻击：攻击节点冒充多个身份标识，控制或吸引网络大部分节点的数据通过攻击节点传输，大大削弱网络路由的多路径选择效果，使其失去备份作用。

（11）Sinkhole 污水池攻击：攻击者吸引所有的网络数据通过攻击者所控制的节点进行传输，从而形成一个以攻击者为中心的数据黑洞。

（12）Wormhole 虫洞攻击：攻击者将在一部分网络上接收的消息通过低时延的信道进行转发，并在网络内的各簇进行重放。Wormhole 攻击最为常见的形式是两个相距较远的恶意节点相互串通，合谋进行攻击。

（13）选择转发攻击：攻击者利用恶意节点来拒绝转发特定的消息并将其丢弃，使得这些数据包不再进行任何传播。

小知识

感知节点呈现多源异构性，通常情况下功能简单（如自动温度计）、携带能量少（使用电池），使得它们无法拥有复杂的安全保护能力；而感知网络多种多样，从温度测量到水文监控，从道路导航到自动控制，它们的数据传输和消息也没有特定的标准，所以没法提供统一的安全保护体系。

示例：

无线传感器网络攻击。

（1）2013 年，北京邮电大学的崔宝江教授在实验室环境中演示了如何攻击 ZigBee 无线传感器网络。

（2）在使用基于 ZigBee 协议 MAC 层安全的综合检测算法，对基于某厂商 ZigBee 芯片搭建的 ZigBee 网络进行协议 Fuzzing 的过程中，触发了 ZigBee 协议的一个安全漏洞。Fuzzing 测试工具发送异常数据包后，主协调器处理时由于自身或者协议存在的安全缺陷，未能正确解析该数据包，停止工作，网络中的其他节点随即与主协调器断开连接，导致网络崩溃。

小知识　无线传感器网络安全攻击应对方案

1）路由协议安全

一个 WSN 节点不仅是一个主机，而且本身就是一个路由器；由于无线传感器网络自身的一些特性，如能源有限、计算资源有限等，需要重新设计路由安全机制；现有的WSN 路由协议基本上都没有考虑安全问题，然而在 WSN 所有的安全问题中，路由的安全最为重要。

2）加密技术

加密算法的选择有对称加密和非对称加密。

3）入侵检测

有三种入侵检测体系设计：分布式入侵检测体系、对等合作的检测体系和层次式检测体系。

分布式入侵检测工作方式，将入侵检测程序安装在网络中的所有传感器节点或某些关键传感器节点上；所有安装有检测程序的节点均独立进行入侵检测；采用基于异常分析的入侵检测技术，例如接收报文产生的能耗和速率异常；发现入侵行为后向临近节点报警，并隔离恶意节点的通信。优点是能快速发现针对某个节点或区域的入侵或攻击行为，实现和部署简单。缺点是感知信息冗余，占用存储空间，能量资源浪费。

对等合作入侵检测工作方式，将入侵检测程序安装在网络中的所有传感器节点或某些关键传感器节点上；入侵检测程序含有本地检测引擎和合作检测引擎两个检测引擎，本地检测引擎发现入侵痕迹但缺少足够证据时，通过合作检测引擎请求邻居节点帮助，根据反馈信息做出入侵判断；发现入侵行为后向临近节点报警，并隔离恶意节点的通信。优点是能通过协作更加准确和快速地发现入侵行为。缺点是加大网络负载。

层次式入侵检测工作方式，将节点按功能进行层次划分：底层节点负责初级数据感应，高层节点担负数据融合、分析和检测等工作。优点是大大减少了运行检测算法的节点数量，降低开销；多层次协同工作具有更高的准确性。缺点是增加网络平均延迟，降低网络的鲁棒性。

2. RFID 相关安全问题

RFID 是一种非接触式的自动识别技术，它通过射频信号自动识别目标对象并获取相关数据。

1）RFID 系统安全方面的特点

（1）RFID 标签和 RFID 阅读器之间的通信是非接触和无线的，很容易被窃听。

（2）标签本身没有微处理器，只有有限的存储空间和电源供给，其计算能力很弱，因而更难以实现对安全威胁的防护。

2）RFID 系统的安全脆弱性来源

（1）RFID 组件的安全脆弱性。

（2）RFID 标签中数据的脆弱性。

（3）RFID 标签和阅读器之间的通信脆弱性。

（4）阅读器中数据的脆弱性。

（5）后端管理系统的脆弱性。

3）RFID 系统安全攻击类型

（1）主动攻击

● 对获得的标签实体，通过物理手段在实验室环境中去除芯片封装，使用微探针获取敏感信号，进而进行目标标签重构的复杂攻击。

● 利用通信接口，通过扫描标签和响应读写器的探询，寻求安全协议、加密算法及其实现的弱点，进行删除标签内容或篡改可重写标签内容的攻击。

- 通过干扰广播、阻塞信道或其他手段，产生异常的应用环境，使合法处理器产生故障，进行拒绝服务攻击等。

（2）被动攻击

- 通过识读器等窃听设备进行窃听，分析微处理器正常工作过程中产生的各种电磁特征，来获得 RFID 标签和识读器之间或其他 RFID 通信设备之间的通信数据。

4）采用 RFID 技术的网络涉及的主要安全问题

（1）物理攻击

主要针对节点本身进行物理上的破坏行为，包括物理节点软件和硬件上的篡改和破坏、更换或加入物理节点以及通过物理手段窃取节点关键信息等，导致信息泄露、恶意追踪、为上层攻击提供条件。物理攻击主要表现为以下几种方式。

- 版图重构：针对 RFID 攻击的一个重要手段是重构目标芯片的版图。通过研究连接模式和跟踪金属连线穿越可见模块（如 ROM、RAM、E^{2}PROM、ALU、指令译码器等）的边界，可以迅速识别芯片上的一些基本结构，如数据线和地址线。
- 存储器读出技术：对于存放密钥、用户数据等重要内容的非易失性存储器，可以使用微探针监听总线上的信号获取重要数据。
- 电流分析攻击：如果整流回馈装置的电源设计不恰当，RFID 微处理执行不同内部处理的状态可能在串联电阻的两端交流信号上反映出来。
- 故障攻击：通过故障攻击可以导致一个或多个触发器处于病态，从而破坏传输到寄存器和存储器中的数据。当前有三种技术可以可靠地导致触发器病态，分别是瞬态时钟、瞬态电源以及瞬态外部电场。

（2）信道阻塞

信道阻塞攻击利用无线通信共享介质的特点，通过长时间占据信道导致合法通信无法进行。

（3）伪造攻击

指伪造电子标签以产生系统认可的、合法用户标签，采用该手段实现攻击的代价高，周期长。

（4）假冒攻击

在射频通信网络中，电子标签与读写器之间不存在任何固定的物理连接，电子标签必须通过射频信道传送其身份信息，以便读写器能够正确鉴别它的身份。射频信道中传送的任何信息都可能被窃听。攻击者截获一个合法用户的身份信息时，就可以利用这个身份信息来假冒该合法用户的身份入网，这就是所谓的假冒攻击。主动攻击者可以假冒标签，还可以假冒读写器，以欺骗标签，获取标签身份，从而假冒标签身份。

（5）复制攻击

复制他人的电子标签信息，多次顶替别人使用。复制攻击实现的代价不高，且不需要其他条件，所以成为最常用的攻击手段。

（6）重放攻击

指攻击者通过某种方法将用户的某次使用过程或身份验证记录重放或将窃听到的有效信息经过一段时间以后再传给信息的接收者，骗取系统的信任，达到攻击的目的。

（7）信息篡改

指主动攻击者将窃听到的信息进行修改（如删除或替代部分或全部信息）之后再将信息传给原本的接收者。这种攻击的目的有两个：一是攻击者恶意破坏合法标签的通信内容，阻止合法标签建立通信连接；二是攻击者将修改的信息传给接收者，企图欺骗接收者相信该修改的信息是由一个合法的用户传递的（图 7-8）。

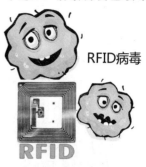

图 7-8　RFID 病毒

示例：

（1）2007 年 RSA 安全大会上，美国西雅图 IOActive 公司的 Chris Paget 展示了一款 RFID 克隆器，这款设备可以通过复制信用卡来窃取密码。

（2）2007 年 Chris Paget 演示了如何克隆美国 RFID 护照，仅仅使用 250 美元的摩托罗拉 RFID 阅读器和架设在汽车侧面窗户上的天线，他驾驶汽车在旧金山马路上飞驰了 20 min，就捕获了两个美国护照的细节资料。

（3）2010 年黑帽大会上，Chris Paget 用他花了不到 2500 美元在商店和 eBay 网站购买的现成的设备组装了一个系统，并通过这个系统演示了在 217 英尺的距离读取美国 RFID 电子护照中的数据。

（4）2006 年，英国新的 RFID 电子护照被破解，黑客声称在 48 h 内就可以破解 RFID 电子护照，并找到了一种将克隆的信息存储到新护照的方法。

（5）2011 年 9 月，北京公交一卡通被黑客破解，从而敲响了整个 RFID 行业的警钟。黑客通过破解公交一卡通，给自己的一卡通非法充值。

小知识　RFID 系统安全攻击应对方案

1）RFID 标签设计安全保护

（1）标签销毁指令：标签需支持 Kill 指令，如 EPC Class 1 Gen 2 标签，当标签接收到读写器发出的 Kill 指令时，便会将自己销毁，使得这个标签之后对于读写器的任何指令都不会有反应（图 7-9）。

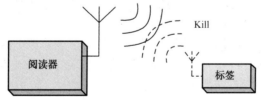

图 7-9　标签销毁指令

示例：

在超市购买完商品后，即在读写器上获取完标签的信息并经过后台数据库的认证操作后，就可以杀死消费者所购买的商品上的标签，这样就可以起到保护消费者隐私的作用。

（2）标签休眠指令：标签需支持 Sleep 和 Wake Up 指令，当标签接收阅读器传来的指令时，标签即进入休眠状态，不会回应任何阅读器的查询；当标签接收到阅读器的指令时，才会恢复正常。

（3）密码保护：此方法利用密码来控制标签的存取，在标签中记忆对应的密码，阅读器查询标签时必须同时送出密码，且标签验证密码成功才会回应阅读器；不过此方法仍存在密码安全性的问题。

（4）物理自毁：通过物理方法，在标签完成使命后，彻底销毁，防止伪造、假冒和二次重复利用。

2）环境安全保护

（1）法拉第笼：将标签放置在由金属网罩或金属箔片组成的容器中，称作法拉第笼，因为金属可阻隔无线电信号，即可避免标签被阅读器读取。

（2）主动干扰：使用能够主动发出广播讯号的设备，来干扰阅读器查询受保护的标签，成本较法拉第笼低；但此方式可能干扰其他合法无线电设备的使用。

（3）阻挡标签：使用一种特殊设计的标签，称为阻挡标签（Blocker Tag），此种标签会持续对阅读器传送混淆的讯息，由此阻止阅读器读取受保护的标签；但当受保护的标签离开阻挡标签的保护范围时，安全与隐私的问题仍然存在。

3）其他方法

加密技术：通过加密技术在 RFID 标签和阅读器之间进行安全的身份认证，并对数据传输进行加密。

7.1.2　网络层安全

扫一扫看网络层的安全问题教学课件

物联网网络层主要实现信息的转发和传送，它将感知层获取的信息传送到远端，为数据在远端进行智能处理和分析决策提供强有力的支持。考虑到物联网本身具有专业性的特征，其基础网络可以是互联网，也可以是具体的某个行业网络。此物联网的网络层安全主要体现在两个方面。

1. 来自物联网本身的架构、接入方式和各种设备的安全问题

物联网的接入层将采用如移动互联网、有线网、WiFi、WiMAX 等各种无线接入技术。物联网接入方式将主要依靠移动通信网络。移动网络中移动站与固定网络端之间的所有通信都是通过无线接口来传输的，然而无线接口是开放的，任何使用无线设备的个体均可以通过窃听无线信道而获得其中传输的信息，甚至可以修改、插入、删除或重传无线接口中传输的消息，达到假冒移动用户身份以欺骗网络端的目的。因此移动通信网络存在无线窃听、身份假冒和数据篡改等不安全的因素。

示例：

针对自动驾驶汽车的入侵演示

（1）2013 年，美国 DARPA 公司的两名汽车安全工程师，利用一台笔记本电脑和一个任天堂老式 NES 手柄成功入侵了一辆 2010 款 Ford Escape 和一辆 Toyota Prius 自动驾驶汽车。成功入侵自动驾驶汽车后，可利用 NES 手柄控制被入侵汽车引擎的启动和关闭，进而驾驶这辆汽车前进；

（2）2011 年，另一些研究人员也通过蓝牙、移动数据、甚至是在汽车媒体播放器的 CD 中植入恶意音频文件等方式破坏汽车软件系统。

2. 进行数据传输的网络相关安全问题

物联网的网络核心层主要依赖于传统网络技术，其面临的最大问题是现有的网络地址空间短缺。主要的解决方法寄希望于正在推进的 IPv6 技术。但任何技术都不是完美的，实际上 IPv4 网络环境中大部分安全风险在 IPv6 网络环境中仍将存在，而且某些安全风险随着 IPv6 新特性的引入将变得更加严重。

IPv6 中的安全问题主要有三方面，首先，拒绝服务攻击（DDoS）等异常流量攻击仍然猖獗，甚至更为严重，主要包括 TCP-flood、UDP-flood 等现有 DDoS 攻击，以及 IPv6 协议本身机制的缺陷所引起的攻击。其次，针对域名服务器（DNS）的攻击仍将继续存在，而且在 IPv6 网络中提供域名服务的 DNS 更容易成为黑客攻击的目标。第三，IPv6 协议作为网络层的协议，仅对网络层安全有影响，其他各层（包括物理层、数据链路层、网络层、应用层等）的安全风险在 IPv6 网络中仍将保持不变（图 7-10）。

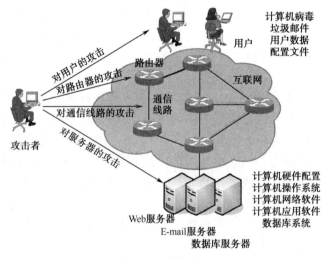

图 7-10　网络攻击

IPv6 应用中面临着一些风险，列举于下。

1）病毒和蠕虫病毒仍然存在

目前，病毒和互联网蠕虫是最让人头疼的网络攻击行为。由于 IPv6 地址空间的巨大性，原有的基于地址扫描的病毒、蠕虫甚至是入侵攻击会在 IPv6 的网络中销声匿迹。但是，基于系统内核和应用层的病毒和互联网蠕虫是一定会存在的，电子邮件的病毒还是会继续传播。

2）衍生出新的攻击方式

IPv6 中的组发地址定义方式给攻击者带来了一些机会。例如，IPv6 地址 FF05::3 是所有的 DHCP 服务器，就是说，如果向这个地址发布一个 IPv6 报文，这个报文可以到达网络中所有的 DHCP 服务器，所以可能会出现一些专门攻击这些服务器的拒绝服务攻击。

3）IPv4 到 IPv6 过渡期间的风险

不管是 IPv4 还是 IPv6，都需要使用 DNS，IPv6 网络中的 DNS 服务器就是一个容易被黑客看中的关键主机。也就是说，虽然无法对整个网络进行系统的网络侦察，但在每个 IPv6 的网络中，总有那么几台主机是大家都知道网络名字的，也可以对这些主机进行攻击。而且，因为 IPv6 的地址空间实在是太大了，很多 IPv6 的网络都会使用动态的 DNS 服务。而如果攻击者可以攻占这台动态 DNS 服务器，就可以得到大量的在线 IPv6 的主机地址。另外，因为 IPv6 的地址是 128 位，很不好记，网络管理员可能会常常使用一些好记的 IPv6 地址，这些好记的 IPv6 地址可能会被编辑成一个类似字典的东西，病毒找到 IPv6 主机的可能性小，但猜到 IPv6 主机的可能性会大一些。而且由于 IPv6 和 IPv4 要共存相当长一段时间，很多网络管理员会把 IPv4 的地址放到 IPv6 地址的后 32 位中，黑客也可能按照这个方法来猜测可能的在线 IPv6 地址。

4）多数传统攻击不可避免

不管是在 IPv4 还是在 IPv6 的网络中，都存在一些网络攻击技术。报文侦听：虽然 IPv6 提供了 IPSEC 最为保护报文的工具，但由于公匙和密匙的问题，在没有配置 IPsec 的情况下，侦听 IPv6 的报文仍然是可能的；应用层的攻击：显而易见，任何针对应用层，如 Web 服务器、数据库服务器等的攻击都将仍然有效；中间人攻击：虽然 IPv6 提供了 IPsec，还是有可能会遭到中间人的攻击，所以应尽量使用正常的模式来交换密匙；洪水攻击：不论在 IPv4 还是在 IPv6 的网络中，向被攻击的主机发布。

示例：

在物联网的广阔未来，微波炉、冰箱、热水器这些联网设备，都将面临更多安全风险。欧洲刑警组织曾宣称，随着物联网漏洞报告浮出水面，这种攻击正变得不可避免。有报道称，已经收集到的统计数据显示，由于恶意软件侵袭，美国有多达 300 台用来分析高危妊娠孕妇的设备运行速度已经放缓。而美国前副总统迪克·切尼的植入式心脏除颤器也因为害怕黑客入侵，禁用了无线连接功能。值得注意的是，车联网在为人们生活带来便利的同时，其面临的安全风险也不容小觑。比如，一些简单的设备加上手机软件就可以对智能汽车进行攻击，通过远程遥控开启汽车，可让汽车在驾驶途中熄火，还可以打开后备箱进行偷盗等，这都将是灾难性的。

而当下大热的特斯拉也无法摆脱这样的困扰。国内某安全团队的极客们公开展示了通过一台笔记本电脑远程打开了特斯拉的天窗，并且可以随意控制特斯拉的灯光与喇叭。据说，这还只是进行了"初步"的研究。实际上，黑客对于汽车的攻击不仅仅满足于打开车门、把车开走这么简单，一旦汽车遭到攻击，还可能威胁到车主的生命安全。

例如，中国移动车务通业务通过在车辆上安装支持定位功能的车载终端，向集团客户（如运输公司）提供车辆位置监控与调度服务，以实现集团车辆的有效管理。在此应用中存在如下几种典型的安全威胁。

（1）拒绝监控威胁：攻击者将车载终端非法挪装至其他车辆，上报虚假的位置信息；或者通过中断电源、屏蔽网络信号等手段恶意造成终端脱网，使监控中心无法监控。

（2）参数篡改威胁：攻击者通过远程配置，植入木马/病毒等手段篡改车载终端配置参数，如 APN、服务器 IP 地址/端口号、呼叫中心号码等，将一键服务请求接至非法服务平台或呼叫中心，以谋取利益。

7.1.3 应用层安全

物联网应用是信息技术与行业专业技术紧密结合的产物。考虑到物联网涉及多领域多行业，因此广域范围的海量数据信息处理和业务控制策略将在安全性和可靠性方面面临巨大挑战，特别是业务控制、管理和认证机制、中间件以及隐私保护等安全问题显得尤为突出。

1. 业务控制和管理

由于物联网设备可能是先部署后连接网络，而物联网节点又无人值守，所以如何对物联网设备远程签约，如何对业务信息进行配置就成了难题。另外，庞大且多样的物联网必然需要一个强大而统一的安全管理平台，否则单独的平台会被各式各样的物联网应用所淹没，但这样将使如何对物联网机器的日志等安全信息进行管理成为新的问题，并且可能割裂网络与业务平台之间的信任关系，导致新一轮安全问题的产生。

2. 中间件

如果把物联网系统和人体进行比较，感知层好比人体的四肢，网络层好比人的身体和内脏，那么应用层就好比人的大脑，软件和中间件是物联网系统的灵魂和中枢神经。目前，使用最多的几种中间件系统是 CORBA、DCOM、J2EE/EJB 以及被视为下一代分布式系统核心技术的 Web Services。

3. 隐私保护

在物联网发展过程中，大量的数据涉及个人隐私问题（如个人出行路线、消费习惯、个人位置信息、健康状况、企业产品信息等），因此隐私保护是必须考虑的一个问题。如何设计不同场景、不同等级的隐私保护技术将是物联网安全技术研究的热点问题。随着个人和商业信息的网络化，越来越多的信息被认为是用户隐私信息。

示例：

需要隐私保护的应用至少包括如下几种。

（1）移动用户既需要知道（或被合法知道）其位置信息，又不愿意非法用户获取该信息。

（2）用户既需要证明自己合法使用某种业务，又不想让他人知道自己在使用某种业务，如在线游戏。

（3）病人急救时需要及时获得该病人的电子病历信息，但又要保护该病历信息不被非法获取，包括病历数据管理员。事实上，电子病历数据库的管理人员可能有机会获得电子病历的内容，但隐私保护采用某种管理和技术手段使病历内容与病人身份信息在电子病历数据库中无关联。

（4）许多业务需要匿名性，如网络投票。

很多情况下，用户信息是认证过程的必需信息，如何对这些信息提供隐私保护是一个具有挑战性的问题，但又是必须要解决的问题。

示例：

医疗病历的管理系统需要病人的相关信息来获取正确的病历数据，但又要避免该病历数据跟病人的身份信息相关联。在应用过程中，主治医生知道病人的病历数据，这种情况下给隐私信息的保护带来了一定困难，但可以通过密码技术手段掌握医生泄露病人病历信息的证据。

在使用互联网的商业活动中，特别是在物联网环境的商业活动中，无论采取什么技术措施，都难免恶意行为的发生。如果能根据恶意行为所造成后果的严重程度给予相应的惩罚，就可以减少恶意行为的发生。技术上，这需要搜集相关证据，因此，计算机取证就显得非常重要。与计算机取证相对应的是数据销毁。数据销毁的目的是销毁那些在密码算法或密码协议实施过程中所产生的临时中间变量，一旦密码算法或密码协议实施完毕，这些中间变量将不再有用。但这些中间变量如果落入攻击者手里，可能为攻击者提供重要的参数，从而增大成功攻击的可能性。因此，这些临时中间变量需要及时安全地从计算机内存和存储单元中删除。计算机数据销毁技术不可避免地会为计算机犯罪提供证据销毁工具，从而增大计算机取证的难度，因此如何处理好计算机取证和计算机数据销毁这对矛盾是一项具有挑战性的技术难题，也是物联网应用中需要解决的问题。

案例 7-2　位置信息与个人隐私

基于位置的服务（Location-Based Service，LBS）是指通过无线通信和定位技术获得移动终端的位置信息（如经纬度的坐标数据），将此信息提供给移动用户本人或他人或应用系统，以实现各种与当前用户位置相关的服务并提供给移动用户本人（图 7-11）。例如，若用户在逛街时感到饥饿，他们可以快速地搜索在其所在地点附近都有哪些餐馆，并可以获取每家餐馆的菜单，然后就可以在指定的时间段内上门消费了，大大缩短等待时间。

图 7-11　位置信息与基于位置的服务（LBS）

位置信息是一种特殊的个人隐私信息，对其进行保护就是要给予所涉及的个人决定和控制自己所处位置的信息何时、如何及在何种程度上被他人获知的权利。位置隐私的定义是用户对自己位置信息的掌控能力，包括是否发布、发布给谁以及详细程度。而位置隐私面临的威胁有通信、服务商和攻击者（图 7-12）。

身份匿名技术是一种保护位置隐私的手段，即隐藏位置信息中的"身份"，服务商能利用位置信息提供服务，但无法根据位置信息推断用户身份，常用 K 匿名技术。其基本思想是让 K 个用户的位置信息不可分辨，可以通过空间上扩大位置信息的覆盖范围或时间上延迟位置信息的发布来实现。

例如，3-匿名可以让 3 个用户的位置信息不可分辨，如图 7-13 所示。图中白点表示用户精确位置，灰色方块表示向服务商汇报的位置信息。

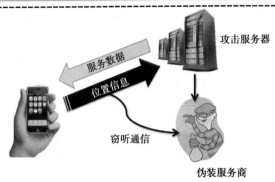

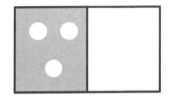

扫一扫看保
护信息安全
教学课件

图 7-12　位置隐私面临的威胁　　　　　　　图 7-13　3-匿名

保护位置隐私的手段还有数据混淆技术，即保留身份，混淆位置信息中的其他部分，让攻击者无法得知用户的确切位置。如图 7-14 所示，大圆即通过模糊范围将精确位置转换成区域信息。

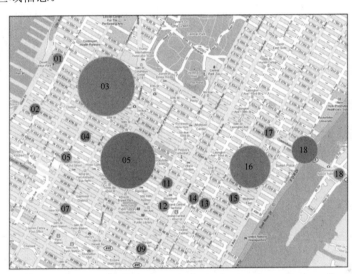

图 7-14　模糊范围

通过权限的设置，隐私相关者可以设置哪些信息请求者可以在什么环境下（如时间、地点等）获取该位置信息的全部或某些部分。例如，在每天的 8:00～17:00，当位置信息的隐私相关者在北京工业大学时，允许某些请求者得知其所在的精确位置信息，即北京市朝阳区平乐园 100 号，而对另外一些请求者，只允许得知其所在的位置是北京。

7.2　物联网基础设施安全需求与现状

基础设施包括传输网络、海量计算与存储中心等资源，这些资源构成了物联网系统的神经系统，其安全性是系统安全的重要环节。

1. 传输网络

对于物联网的传输网络，安全的重要环节主要在近距离通信以及接入骨干网络的网关方面。近距离通信涉及各种无线、有线通信协议的互联互通。近距离通信主要采用无线通信方式，无线链路的广播特性、不稳定性、非对称性对于物联网系统的安全有重要影响。而通信网关主要完成协议转换、数据融合等任务，其安全性尤为重要，网关的计算能力、数据存储能力一般比传统的计算机弱，无法采用复杂的加密算法，其信息安全是系统的薄弱环境。

2. 海量计算与存储中心

从技术层面来看，海量计算技术属于多种技术的融合与集成，云计算系统规模庞大、结构复杂，属于大规模复杂网络信息系统，由大量的基础设施、平台软件及应用软件组成。一般说来，系统规模越大，其问题就越严重，系统的可靠性及安全性取决于各个环节，任何环节发生故障都将导致系统发生故障。因此，云计算系统不可避免地存在着一些可靠性及安全性隐患。从外部来看，随着云系统的不断发展，其各个组件和部件及加载的应用也不断更新和增加，而且网络环境也日趋复杂，云计算上部署的应用来源广泛，使用途径多种多样，也存在着大量的可靠性和安全性隐患。特别地，虚拟化、伸缩性、多租户等特性为云计算注入创新活力的同时，也使得安全性及可靠性威胁趋于严重，虚拟机逃逸、拒绝服务访问、服务实效、信息窃取、非法闯入、电子欺骗、数据隐私泄露、网络安全漏洞、容错能力低、伸缩能力差等问题将是云计算系统存在的可靠性及安全性的重大隐患。

7.3 物联网系统安全体系架构

7.3.1 物联网不同于互联网的安全风险

1. 加密机制实施难度大

密码编码学是保障信息安全的基础。在传统 IP 网络中，加密应用通常有两种形式：点到点加密和端到端加密。从目前学术界所公认的物联网基础架构来看，不论是点点加密还是端端加密，实现起来都有困难，因为在感知层的节点上要运行一个加密/解密程序不仅需要存储开销、高速的 CPU，而且还要消耗节点的能量。因此，在物联网中实现加密机制原则上有可能，但是技术实施上难度大。

2. 认证机制难以统一

传统的认证是区分不同层次的，网络层的认证就负责网络层的身份鉴别，应用层的认证就负责应用层的身份鉴别，两者独立存在。但是在物联网中，大多数情况下，机器都拥有专门用途和管理需求，业务应用与网络通信紧紧地绑在一起，因此，就面临感知层、网络层和应用层三层能否认证的问题。

3. 访问控制更加复杂

访问控制在物联网环境下被赋予了新的内涵，从 TCP/IP 网络中主要给人进行访问授权变成了给机器进行访问授权，有限制地分配、交互共享数据，在机器与机器之间将变得更加复杂。

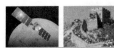

4. 网络管理难以准确实施

物联网的管理涉及对网络运行状态进行定量和定性的评价、实时监测和预警等监控技术。但由于物联网中网络结构的异构、寻址技术未统一、网络拓扑不稳定等原因，物联网管理的有关理论和技术仍有待进一步研究。

5. 网络边界难以划分

在传统安全防护中，很重要的一个原则就是基于边界的安全隔离和访问控制，并且强调针对不同的安全区域设置差异化的安全防护策略，在很大程度上依赖各区域之间明显清晰的区域边界；而在物联网中，存储和计算资源高度整合，无线网络应用普遍，安全设备的部署边界已经消失，这也意味着安全设备的部署方式将不再类似于传统的安全建设模型。

6. 设备难以统一管理

在物联网中，设备大小不一、存储和处理能力不一致导致管理和安全信息的传递和处理难以统一；设备可能无人值守、丢失、处于运动状态，连接可能时断时续、可信度差，种种因素增加了设备管理的复杂度。

经以上分析可以看到，物联网面临的威胁多种多样，复杂多变，因此需要趋利避害，未雨绸缪，充分认识到物联网面临的安全形势的严峻性，尽早研究保障物联网安全的物联网标准规范，制定物联网安全发展的法律、政策，通过法律、行政、经济等手段，使我国的物联网真正发展成为一个开放、安全、可信任的网络。

7.3.2　物联网系统安全体系结构特点

安全体系结构的形成是根据所要保护的系统资源，对资源使用者、攻击者（人为、环境、系统自身）对系统可能产生破坏的设想及其破坏目的、技术手段以及造成的后果来分析该系统所受到的已知的、可能的威胁，并考虑到构成系统各部件的缺陷和隐患共同形成的风险，然后建立起系统的安全需求。恰当的安全需求，应将注意力集中到系统最高权力机构认为必须注意的那些方面，以最大限度地体现系统资源拥有者或管理者的安全管理意志。

物联网系统安全的总需求是物理安全、网络安全、信息内容安全、基础设施安全等方面的综合。最终目标是确保信息的保密性、完整性、认证性、抗抵赖性和可用性，确保用户对系统资源的控制，保障系统的安全、稳定、可靠运行。因此物联网系统安全体系框架由技术体系、管理体系和组织体系三部分构成。

7.4　物联网系统安全体系结构组成

7.4.1　感知层的安全架构

在传感网内部，需要有效的密钥管理机制，用于保障传感网内部通信的安全。传感网内部的安全路由、联通性解决方案等都可以相对独立地使用。由于传感网类型的多样性，很难统一要求有哪些安全服务，但机密性和认证性都是必要的。机密性需要在通信时建立一个临时会话密钥，而认证性可以通过对称密码或非对称密码方案解决。使用对称密码的认证方案需要预置节点间的共享密钥，在效率上也比较高，消耗网络节点的资源较少，许多传感网都选用此方案；而使用非对称密码技术的传感网一般具有较好的计算和通信能力，并且对安全性要求更高。在认证的基础上完成密钥协商是建立会话密钥的必要步骤。安全路由和入侵检测等也是传感网应具有的性能。

由于物联网环境中传感网遭受外部攻击的机会增大，因此用于独立传感网的传统安全解决方案需要提升安全等级后才能使用，也就是说在安全的要求上更高，这仅仅是量的要求，没有质的变化。相应地，传感网的安全需求所涉及的密码技术包括轻量级密码算法、轻量级密码协议、可设定安全等级的密码技术等。

7.4.2　网络层的安全架构

网络层的安全机制可分为端到端机密性和节点到节点机密性。对于端到端机密性，需要建立如下安全机制：端到端认证机制、端到端密钥协商机制、密钥管理机制和机密性算法选取机制等。在这些安全机制中，根据需要可以增加数据完整性服务。对于节点到节点机密性，需要节点间的认证和密钥协商协议，这类协议要重点考虑效率因素。机密性算法的选取和数据完整性服务则可以根据需求选取或省略。考虑到跨网络架构的安全需求，需要建立不同网络环境的认证衔接机制。另外，根据应用层的不同需求，网络传输模式可能区分为单播通信、组播通信和广播通信，针对不同类型的通信模式也应该有相应的认证机制和机密性保护机制。

简而言之，网络层的安全架构主要包括如下几个方面：

（1）节点认证、数据机密性、完整性、数据流机密性、DDoS 攻击的检测与预防。

（2）移动网中 AKA 机制的一致性或兼容性、跨域认证和跨网络认证（基于 IMSI）。

（3）相应的密码技术。密钥管理（密钥基础设施 PKI 和密钥协商）、端对端加密和节点对节点加密、密码算法和协议等。

（4）组播和广播通信的认证性、机密性和完整性安全机制。

7.4.3　应用层的安全架构

基于物联网综合应用层的安全挑战和安全需求，需要下列安全机制：

（1）有效的数据库访问控制和内容筛选机制；

（2）不同场景的隐私信息保护技术；

（3）叛逆追踪和其他信息泄露追踪机制；

（4）有效的计算机取证技术；

（5）安全的计算机数据销毁技术；

（6）安全的电子产品和软件的知识产权保护技术；

（7）可靠的认证机制和密钥管理方案；

（8）高强度数据机密性和完整性服务；

（9）可靠的密钥管理机制，包括 PKI 和对称密钥的有机结合机制；

（10）可靠的高智能处理手段；

（11）入侵检测和病毒检测；

（12）恶意指令分析和预防，访问控制及灾难恢复机制；

（13）保密日志跟踪和行为分析，恶意行为模型的建立；

（14）密文查询、秘密数据挖掘、安全多方计算、安全云计算技术等；

（15）移动设备文件（包括秘密文件）的可备份和恢复；

（16）移动设备识别、定位和追踪机制。

应用层设计的是综合的或有个体特性的具体应用业务，它所涉及的某些安全问题通过前面几个逻辑层的安全解决方案可能仍然无法解决。在这些问题中，隐私保护就是典型的一种。无论感知层、传输层还是处理层，都不涉及隐私保护的问题，但它却是一些特殊应用场景的实际需求，即应用层的特殊安全需求。物联网的数据共享有多种情况，涉及不同权限的数据访问。此外，在应用层还将涉及知识产权保护、计算机取证、计算机数据销毁等安全需求和相应技术。

案例 7-3　面向 3G 接入的物联网安全架构

现代 3G 物联网安全技术主要包括 3G 移动网络技术和前端无线传感器技术。3G 与以往通信网络不同，它大大提高了无线接入能力，可以实现多种服务。3UPP 和 3UPP2 专门制定了 3G 系统的安全原理和目标、安全威胁和防范、安全体系结构、密码算法要求以及网络域安全等框架规范。第二代移动通信存在 GSM 安全缺陷，而 3G 采取多种有效措施保护信息安全，如应用双向身份认证对用户进行认证，运用完整性算法和高强度加密算法进行分发，增强破解加密信息的难度，防范篡改数据等现象发生。

物联网的发展需要以移动通信 3G 系统为基础，物联网安全架构可在 3G 的基础上，紧密结合传感器网络，构建完善的安全体系（图 7-15）。

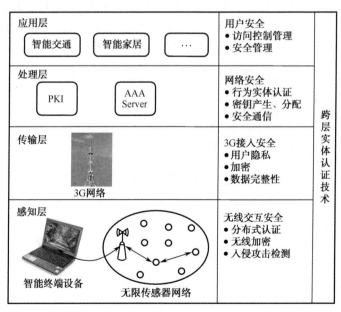

图 7-15　3G 接入的物联网安全架构

1）无线交互安全

无线交互安全涉及物联网的感知层，即无线传感器网络的分布式认证、无线加密和

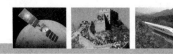

入侵攻击检测。分布认证能提供节点设备与网关节点间的认证；无线加密涵盖传感器网络内部各设备间加密算法协商和密钥协商；检测外来入侵防止节点设备被窃取或者遭破坏，避免造成内部攻击；检测各种服务攻击和冒充攻击。

2）3G 接入安全

3G 接入安全涉及物联网传输层，向用户和网关节点提供通信网络服务。保护用户个人信息包含保护用户的标识、保密用户的位置和保证用户不被追踪；加密包含加密密钥协商、加密信令数据信息和加密算法协商等；完整性主要指有完整的密钥协商、完整的算法协商，且数据完整。

3）网络安全

网络安全主要包括 3 个方面。

（1）密钥产生与分配。密钥管理中心产生密钥并对非对称的密钥对进行储存，同时保持其他网络密钥，为终端设备和网关节点产生并分配密钥材料，接收和分配其他网络的会话密钥。

（2）安全通信。运用对称的密钥完成数据加密、数据源认证、数据保护。

（3）认证实体行为。主要包含网络认证用户、用户认证网络和异构网络之间的相互认证。

4）用户安全

用户安全包含访问控制与安全管理。访问控制指划分能安全合法地被访问的物联网资源，登录用户需要具有可以访问该资源的权限，保证资源信息可信。安全管理包含配置管理、安全追踪及安全预警，保障网络和系统可靠可用。面向 3G 接入的物联网安全框架中包含跨层的实体认证机制。机制认证常需借助第三方开展三向相互认证。完成认证后，通过智能终端设备就可以访问附近网络和系统。智能设备与 SINK 互相认证以后，经过协商密钥完成安全通信，保持信息空间与物理空间相互连接。

7.5 物联网安全关键技术

作为一种多网络融合的网络，物联网安全涉及各个网络的不同层次，在这些独立的网络中已实际应用了多种安全技术，特别是移动通信网和互联网的安全研究已经历了较长的时间，但对物联网中的感知网络来说，由于资源的局限性，安全研究的难度较大。

7.5.1 密钥管理机制

密钥系统是安全的基础，是实现感知信息隐私保护的手段之一。对互联网由于不存在计算资源的限制，非对称和对称密钥系统都可以适用，互联网面临的安全主要来源于其最初的开放式管理模式的设计，是一种没有严格管理中心的网络。移动通信网是一种相对集中式管理的网络，而无线传感器网络和感知节点由于计算资源的限制，对密钥系统提出了更多的要求，因此，物联网密钥管理系统面临两个主要问题：一是如何构建一个贯穿多个网络的统一密钥管理系统，并与物联网的体系结构相适应；二是如何解决传

感网的密钥管理问题，如密钥的分配、更新、组播等。实现统一的密钥管理系统可以采用两种方式，一是采用以互联网为中心的集中式管理方式。由互联网的密钥分配中心负责整个物联网的密钥管理，一旦传感器网络接入互联网，通过密钥中心与传感器网络汇聚点进行交互，实现对网络中节点的密钥管理。二是采用以各自网络为中心的分布式管理方式。在此模式下，互联网和移动通信网比较容易解决，但在传感网环境中对汇聚点的要求就比较高。

7.5.2　入侵检测与容侵容错技术

容侵就是指在网络中存在恶意入侵的情况下，网络仍然能够正常运行。无线传感器网络的安全隐患在于网络部署区域的开放特性以及无线电网络的广播特性，攻击者往往利用这两个特性，通过阻碍网络中节点的正常工作，进而破坏整个传感器网络的运行，降低网络的可用性。无人值守的恶劣环境导致无线传感器网络缺少传统网络中的物理上的安全，传感器节点很容易被攻击者俘获、毁坏或妥协。现阶段无线传感器网络的容侵技术主要集中于网络的拓扑容侵、安全路由容侵以及数据传输过程中的容侵机制。无线传感器网络可用性的另一个要求是网络的容错性。一般意义上的容错性是指在故障存在的情况下系统不失效、仍然能够正常工作的特性。无线传感器网络的容错性指的是当部分节点或链路失效后，网络能够进行传输数据的恢复或者网络结构自愈，从而尽可能减小节点或链路失效对无线传感器网络功能的影响。由于传感器节点在能量、存储空间、计算能力和通信带宽等诸多方面都受限，而且通常工作在恶劣的环境中，网络中的传感器节点经常会出现失效的状况，因此，容错性成为无线传感器网络中一个重要的设计因素，容错技术也是无线传感器网络研究的一个重要领域。

7.5.3　决策与控制安全

物联网的数据是一个双向流动的信息流，一是从感知端采集物理世界的各种信息，经过数据的处理，存储在网络的数据库中；二是根据用户的需求，进行数据的挖掘、决策和控制，实现与物理世界中任何互连物体的互动。在数据采集处理中我们讨论了相关的隐私性等安全问题，而决策控制又将涉及另一个安全问题，如可靠性等。前面讨论的认证和访问控制机制可以对用户进行认证，使合法的用户才能使用相关的数据，并对系统进行控制操作，但问题是如何保证决策和控制的正确性和可靠性。在传统的无线传感器网络中，由于侧重对感知端的信息获取，对决策控制的安全考虑不多，互联网的应用也是侧重于信息的获取与挖掘，较少应用对第三方的控制。而物联网中对物体的控制将是重要的组成部分，需要进一步更深入的研究。

思考与问答 7-1

（1）RFID 技术存在哪些安全问题？
（2）物联网安全与传统网络安全的区别是什么？
（3）针对物联网安全的对策有哪些？

训练任务 7-1　调研物联网安全威胁

1. 任务目的

（1）了解物联网各层结构面临的安全威胁。

（2）了解物联网系统安全体系架构。

（3）了解物联网安全技术。

2. 任务要求

（1）利用网络资源，收集物联网安全事件，了解物联网的安全威胁。

（2）开展小组讨论，探讨物联网的安全问题都有哪些。

（3）采用 PPT 形式进行课内展示，时间 3 min。

3. 任务评价

序号	项 目 要 求	得　分
1	所选主题内容与要求一致（15）	
2	物联网安全威胁描述清晰，图文并茂（35）	
3	充分利用软件展示清晰（25）	
4	自我思考展现（25）	

内容小结

　　本单元重点分析了物联网面临的安全问题及物联网安全体系结构，涉及感知层、网络层和应用层 3 个层次的安全问题和相应对策。物联网有不同于互联网的独特性，必然面临其独特的安全问题，通过本单元的学习，可以使读者对物联网安全问题形成初步的认识。

参 考 文 献

[1] 于宝明，金明. 物联网技术与应用[M]. 南京：东南大学出版社，2012.

[2] 张飞舟. 物联网应用与解决方案[M]. 北京：电子工业出版社，2012.

[3] 任德齐，曾宝国，程远东. RFID 技术及应用[M]. 重庆：重庆大学出版社，2014.

[4] 王仲东，黄俊桥. 物联网的开发与应用实践[M]. 北京：机械工业出版社，2014.

[5] 徐勇军，等. 物联网关键技术[M]. 北京：电子工业出版社，2012.

[6] 吴功宜，等. 物联网工程导论[M]. 北京：机械工业出版社，2012.

[7] 马建. 物联网技术概论[M]. 北京：机械工业出版社，2010.

[8] 黄如. 物联网工程应用技术实践教程[M]. 北京：电子工业出版社，2014.

[9] 黄玉兰. 物联网传感器技术与应用[M]. 人民邮电出版社，2014.

[10] 强世锦. 物联网技术导论[M]. 机械工业出版社，2014.

[11] 田景熙. 物联网概论[M]. 东南大学出版社，2014.

[12] 武璐. 智能家居家庭安防系统的设计与实现[J]. 中小企业管理与科技（上旬刊），2012（06）：52-56.

[13] 段益群，刘国彦. 基于物联网的智慧农业大棚系统设计[J]. 软件工程师，2013（12）：95-97.

[14] 潘涛，王继生，张骐，史有群. 数字矿山信息标准化基本方法探讨[J]. 工矿自动化，2014（02）：107-108.

[15] 刘铭. 基于 ZigBee 和 RFID 技术的固定资产管理系统设计[J]. 制造业自动化，2013（01）：55-59.

[16] 邱甫林，宋宇飞. 基于 RFID 物流定位系统手持查询终端的设计[J]. 物联网技术，2012（11）：45-47.

[17] 王虎虎，徐幸莲. 畜禽及产品可追溯技术研究进展及应用[J]. 食品工业科技，2010（08）：30-34.

[18] 周溢德. 基于无线传感器网络的山体滑坡监测预警系统设计[J]. 铁道通信信号，2011（04）：45-47.

[19] 郭琼，蔡亚辉，姚晓宁. 基于 ZigBee 的路灯控制系统设计[J]. 照明工程学报，2012（02）：55-59.

[20] 易著梁. 无线 Mesh 网络在医院中的应用探索[J]. 广西教育，2013（47）：296-298.

反侵权盗版声明

电子工业出版社依法对本作品享有专有出版权。任何未经权利人书面许可，复制、销售或通过信息网络传播本作品的行为，歪曲、篡改、剽窃本作品的行为，均违反《中华人民共和国著作权法》，其行为人应承担相应的民事责任和行政责任，构成犯罪的，将被依法追究刑事责任。

为了维护市场秩序，保护权利人的合法权益，我社将依法查处和打击侵权盗版的单位和个人。欢迎社会各界人士积极举报侵权盗版行为，本社将奖励举报有功人员，并保证举报人的信息不被泄露。

举报电话：（010）88254396；（010）88258888

传　　真：（010）88254397

E-mail：　dbqq@phei.com.cn

通信地址：北京市海淀区万寿路 173 信箱
　　　　　电子工业出版社总编办公室

邮　　编：100036